智能移动机器人技术及应用研究

刘　艳◎著

中国原子能出版社

图书在版编目（CIP）数据

智能移动机器人技术及应用研究 / 刘艳著. -- 北京 : 中国原子能出版社， 2022.1

ISBN 978-7-5221-1617-4

Ⅰ. ①智… Ⅱ. ①刘… Ⅲ. ①智能机器人一研究 Ⅳ. ① TP242.6

中国版本图书馆 CIP 数据核字 (2021) 第 195627 号

智能移动机器人技术及应用研究

出版发行 中国原子能出版社（北京市海淀区阜成路 43 号 100048）

责任编辑 徐 明

责任印制 赵 明

印 刷 天津和萱印刷有限公司

经 销 全国新华书店

开 本 787 mm×1092 mm 1/16

印 张 11.75

字 数 211 千字

版 次 2023 年 1 月第 1 版 2023 年 1 月第 1 次印刷

书 号 ISBN 978-7-5221-1617-4 **定 价** 40.00 元

前　言

现阶段是一个高科技时代，社会发展飞速，人们的生活水平逐渐提高，物质方面的需求得到满足。除了在人们的日常生活方面看出时代的飞速进步外，各个行业的发展过程中，无论是操作方面还是一些工作前期准备规划，都已由机器代替。智能移动机器对人们的重要性已不言而喻。但是，对于智能移动机器人的认识，除了相关专业的技术人员外，普通人对其了解还是知之甚少。本书从机器人的不同角度向读者揭示智能移动机器人的奥秘，针对智能移动机器人的现状发现一定问题，提出解决方法，并讨论智能移动机器人的未来发展趋势。

全书共七章。第一章为绪论，主要阐述了机器人的定义及由来、机器人的分类与组成、移动机器人的环境感知、智能移动机器人的定位等内容；第二章为智能移动机器人的驱动技术，主要阐述了智能移动机器人的体系结构、智能移动机器人的运动学原理、智能移动机器人的驱动系统等内容；第三章为智能移动机器人的控制技术，主要阐述了经典控制技术、现代控制技术、智能控制技术等内容；第四章为智能移动机器人的传感器技术，主要阐述了内部传感器和外部传感器等内容；第五章为智能移动机器人的平台设计，主要阐述了车体结构设计、控制系统总体、多机通信协议等内容；第六章为无人机在遥感技术中的应用，主要阐述了传感器的安装、传感器的分辨率、机载设备的精度、地理信息综合精度等内容；第七章为智能移动机器人设计开发实例，主要阐述了灭火机器人、擂台机器人和吸尘机器人等内容。

为了确保研究内容的丰富性和多样性，在写作过程中参考了大量理论与研究文献，在此向涉及的专家学者们表示衷心的感谢。

最后，限于作者水平有不足，加之时间仓促，本书难免存在一些疏漏，在此，恳请同行专家和读者朋友批评指正！

目　录

第一章　绪　论

近年来，随着人工智能技术与嵌入式集成芯片技术的快速发展发展，人民生活与工业生产对自动化生产水平的要求逐渐增高，越来越多的研究人员对机器人的相关研究领域进行了探索。机器人将是未来能够代替人去完成大量工作以及完成人类所不能完成工作的智能设备，并且将在很多其他的行业内使用。本章分为机器人的由来及定义、机器人的分类与组成、移动机器人的环境感知、智能移动机器人的定位四部分。

第一节　机器人的定义及由来

一、机器人的定义

机器人问世已经有几十年，由于机器人相关技术的飞速发展，使机器人的结构不断变化，功能也在不断完善，同时机器人是一种仿人的机械，涉及了人的概念，使之成为一个难以回答的哲学问题，因此，对机器人的定义并没有一个明确的意见，但是不同的机构和学者也尝试给机器人进行了相关的定义，目前，我国科学家将机器人定义为：机器人是一种自动化的机器，所不同的是这种机器具备一些与人或生物相似的智能能力，如感知能力、规划能力、动作能力和协同能力，是一种具有高度灵活性的自动化机器。

二、机器人的发展历程

（一）机器人的早期演变

回顾机器人定义的发展过程，可以发现最早提出机器这一观念的是笛卡尔，他在两本书中阐述了一个观点：动物也是一种机器。他在文章中表明动物与机器的运动都具有机械性的特征，所以人类自己的身体也可以算作一种机器，人也是一种机器。其次，法国的哲学家拉美特里，同时也是当地医院的医生，在18世纪40年代末期，曾出版《人是机器》，正式在文章中提出人体就是一种机器的观点。这一观点在哲学界引起很大的反响，一是将机械论发展到极致，甚至有点极端化，二是对后来的哲学发展以及科学发展起到推波助澜的作用。因为当时的时代背景，对机器格外崇拜，其“人是机器”观点，一定程度贬低了人类，把人类作为一种物来看待，而不是一个正常的人类本身。

当然任何事物都有自己的对立面，当时有人崇拜机器，就有另外一批人更加崇尚自然，主张重视人的本性。这些人认为机器更多地倾向于规律性和自动性，反而减少了机器和人类之间的联系，产生一种绝对化的效果。再次，最早说出机器人概念的学者是恰佩克，在这个概念问世之前，机器就在不断模仿人类的动作，模拟人类各种生物机能，而且在机器人这一概念提出后，模仿这一现象并没有减少，反而进行得更加迅猛。

通过对机器人 Robot 这一英文单词的词源分析，不难发现最早 Robot 出自20世纪20年代捷克一部科幻话剧，剧中就有一个人物叫 Robota（捷克语，意为苦力），它是遵从人类安排进行工作的机器，但是具备人的形态。Robot 这一词也就从这而来。到20世纪50年代，美国一位科幻小说作家阿西莫夫写过的一本小说《我，机器人》，文中阐明了机器人所必须遵循的三原则：①不能伤害人类，也不能在人类受到伤害时袖手旁观；②禁止违反人类的命令，但是与第一条相违背，按第一条执行；③不得不保护自身不受到伤害，但是如果与第一、二条相违背，按第一、二条执行。

第一个真正意义上的机器人于1959年跟世人见面，是由美国两位科学家制造出来的。这个最早制造成的机器人外形看起来像炮台，在底盘上装有一个大的机械臂，可以自由旋转，在这根大手臂上，又安装了一个小的机械手臂，这个小机械手臂自己可以改变长短，也可以左右旋转。到70年代，陆续出现更先进的机器人，并且能够在流水线上对物品进行简单的加工。经过数据的收集整理可知，在1984年全世界机器人的使用数量增长为1980年的4倍，到1985年底，数量增长到了14万台，到1990年时机器人数量已经高达30万台左右，不断增加的机器人中高性能的机器人所占总数的比例最为明显，尤其是在工业领域中，各种装配机器人的产量增长速度迅猛，机器视觉设备和驱动系统等的飞速发展主要也是源于人类对机器人的需求大幅增加。

（二）机器人的当前态势

国外目前对机器人分为两大类。根据用途的不同分为劳动机器人和服务机器人，劳动机器人是用于工业和农业生产工作的机器人；而服务机器人能够提供适当的医疗保健，在日常生活中能和人类进行沟通。在国外机器人研究和开发的过程中，早期的劳动机器人是研发的重点。根据日本 1994—1999 年间的调查显示，劳动机器人的研发和制造数量比过去增加了 2 倍，但在 2008 年之后，增长势头有所缓解，在 2012 年，服务机器人的生产销售数量超过了劳动机器人。这也表明世界各国都在不断提高机器人技术。在 2002 年 iRobot 公司研制出了一款名为 Roomba 的吸尘器，他可以绕过障碍物，对自己的工作路径进行自我调整，还可以在电量低于规定的储量时，自行充电。阿富汗战争中，美军向阿富汗派遣一种名为“大狗”的负重机器人帮助美军运送弹药和食物。跟以往各种机器人不同的是，“大狗”并不依滑轮前行，而是模拟动物，用四肢爬行。美军把“大狗”投放在阿富汗战场是把阿富汗作为了“大狗”机器人的测试试验场。据调查，2013 年生产的机器人其中大部分是服务机器人，医疗机器人占据份额约 45%。随着人们生活质量要求的提高，各种家居服务机器人也出现在人们的视野，包括吸尘器机器人、除草机器人和室内清洁机器人，这种机器人的价格相对较低，市场潜力较大。

因此，国外的机器人发展重点会逐渐转移到服务型机器人的技术研发上去。2016 年 3 月阿尔法狗（A1phaGo）最终以 4∶1 战胜了韩国名将李世石九段，引起了全世界的广泛关注。许多职业围棋选手认为，以“深度学习”为原理的阿尔法狗的棋力已经超过围棋职业九段的水平。阿尔法狗是目前人工智能的巅峰代表。

中国机器人技术的发展历史较短，在 20 世纪 70 年代末，受国际机器人技术开发热潮的影响，机器人技术在我国得到了极大的发展，作为一个发展中国家，我国相关技术的发展相对落后，但是经过 20 年的研究，取得了丰硕的成果，如北京理工大学的机器人 Tai Chi，可以行走和跑步，并根据自我的速度变化保持平衡。虽然与国外相比仍有不小差距，如日本已经进入机器人商业化批量生产和使用阶段，我国的人形机器人研究仍然是演示阶段。但是我国研制的关于水下探寻的机器人技术目前达到世界先进水平，2012 年中国“深海蛟龙号”成功地在海底行走了 5 000 米的距离，除此之外，我国还研究了各种远程控制机器人，如遥控排爆，高层建筑清洗机器人，遥控无人机。我国无人机技术已达到国际先进水平，并在 2014 年成为亚洲最大的无人机出口国。同时，中国农业机器人技术，建筑机器人、机器人识别技术和触觉传感技术都有很大发展，政府也很重视机器人的研发，进一步加强机器人技术的投资。

从上面的介绍可以看出，机器人技术在我国取得了长足的进步，目前而言，我国的机器人技术发展现状可以归纳为以下几点：①完全可编程的机器人用于工业生产的发展，目前做到了现场编程可成功使用；②一些需要在特殊环境进行作业的机器人发展，如水下机器人。但是总体而言，我国机器人快速发展尚需要时间，与国际相比有一些差距。

（三）机器人的发展前景

国外机器人技术的发展趋势主要包括以下几个方面：

（1）研发方向从劳动型机器人到服务型机器人。随着经济的发展，机器人的研发从早期的多用于工厂生产的劳动型机器人转为服务型机器人。机器人技术的早期发展是以企业为主，主要是为了提高工业生产的效率，企业可以获得更多的收入，但是现代机器人技术的发展，制造机器人的成本越来越低，很多人消费观念改变，对家庭生活质量的要求也越来越高，所以服务机器人的需求大大增加，机器人的研发开始以服务型机器人为重点。

（2）制作材料的转换。传统的机器人大多是金属材料，其主要原因是为了保证工业机器人在工作过程中的稳定性和耐久性。随着现代科技的发展，材料的创新，现在机器人的制作材料大多为复合材料，更新、耐用度更久、性能更好，这些材料可以进一步提高机器人的使用寿命，保证机器人在工作过程中的稳定性，避免结构的损坏，降低维修成本。

（3）技术性能改进。与传统技术相比，机器人技术无论是在处理器、遥控系统、移动设备、信息采集系统和自动化系统方面都有了显著的提高。现代智能手机技术不断完善，许多国外的机器人都可以用手机远程遥控，这是机器人控制系统的技术进步，使得机器人的研发更贴近普通人的生活，进一步提高了机器人的市场范围。

目前，我国机器人技术发展的主要目标，一方面是紧跟国际最前沿的技术，另一方面是符合我国国情，能够将机器人商业化投入生产使用。具体来说，有以下几个趋势：

（1）注重劳动机器人的研发。中国虽然人口众多，但是人口红利已经用完，目前已经出现了劳动力短缺的现象。特别是在工作条件比较恶劣的场所如矿冶业、化工、冶金、火灾、爆炸、水下核工业等，这类工作危险大，但是需求多，劳动机器人拥有很大的潜力，目前我国重点对这类机器人进行研发。

（2）注重发展价格低廉的简单机器人。从当前中国的经济形势来看，想要将机器人投入商业化使用，就必须提高机器人的性价比，降低价格。由于机器人的研发价格高，企业购买后回收成本的时间周期长，从这个角度来看，如果不是利润丰厚的上市企业，基本不会考虑购买。从目前一些大中型企业对工业设备的购买情况来看，如果购买高档的机器人进行生产，就要更新整套设备，成本太高。因此，研发价格低廉的机器人是十分必要的，也具有市场购买潜力。所以我国机器人研发应该注重应用开发部门与企业购买意向的契合，开发一些实用的机器人，并尽快投入使用，提高经济效益。

（3）注重跟踪国外机器人技术的发展。发达国家机器技术的发展，对中国科技界来说是一个借鉴的标杆。我国的机器人研发是利用一些发达国家发展机器人技术的经验，从引进、消化和吸收国外先进技术入手，提高本国的机器人技术。目前，机器人研究团队主要来自重点院校的实验室，国家进行了大量的投资，支持研发人才尽量保持研发技术与世界同步。

（4）为了进一步支持和鼓励中国企业使用机器人技术，我国已经开始学习借鉴国外经验。国家已经制定了相应的计划，对研发机器人的实验室和使用机器人的企业进行奖励，鼓励机器人的使用。我国开始学习日本规定，中小企业购买机器人可以享受一定的折扣，政府资助工业机器人的使用。

三、机器人与人类的关系

（一）人类对机器人的需求日益旺盛

机器人通过模拟人类思维方式和行为方式帮助或者替代人类完成人类安排的工作任务。面对劳动力的匮乏和大量体力劳动的需求，人类迫切需要机器人来帮助人类完成那些枯燥的、重复的、重体力的工作。相对于人类劳动力来说，工业生产机器人更加稳定，效率比人类更高，而且所需花费相较于人类来说更低；它们不需要休息，不会抱怨福利问题，不需要假期，只要有电它们就能够不停地创造价值。工业生产机器人的革新和应用是科学技术积累与生产力发展的必然结果，也是人类从必然王国向自由王国进发的一条快速通道。在人类改造自然的过程中已经找到了机器人这样一种能够将人类从繁重体力劳动中解放出来的工具，从而更轻松容易地简化了人们认识世界改造世界的过程。在没有机器人的情况下，人类面对繁重的体力劳动，不断重复同一种工作，这时候的人类反而变得像机器。在迫切需要机器来代替人类自身进行繁重的体力劳动的情况下，机器人应运而生。人类对于精神文化的渴求程度甚至超过了肉体上的享受，所以机器人提供的服务更应该往丰富人类精神文化方面来发展。

所以，不只是工业机器人，人类还需要不同类型的机器人来为自己服务，如医用机器人、娱乐机器人等。在人类追求服务质量和便捷生活需求的推动下，机器人的外形和功能都发生着变化。外形上，机器人与人类的相似度正在逐渐提高。人工智能和机器人的结合使得机器人在智力上迈出了巨大的一步，产生了质的飞跃。与此同时，机器人与人类不论从外形还是智慧上的相似度也越来越高。

（二）机器人对人类社会的影响日趋深入

现如今机器人已经融入了人类社会生活的方方面面，使得人类的生活方式、思维方式和认知方式都发生了快速的变化。面对机器人行业的快速发展，比尔·盖茨曾说过："机器人行业的出现将重现30年前计算机行业的繁荣"。计算机技术经过几十年的发展与积累，为机器人技术的爆发式突破打下了坚实的基础。从简单的机械手臂到如今的与人工智能相结合的高仿真型机器人的应用，机器人已对人类的生产、生活产生了巨大的、不可逆转的影响。机器人这种人类创造的工具将带领人类打开第四次工业革命的大门。

机器人技术成为如今人类科学技术最高成就的代表之作。机器人的出现对人类社会的各个方面都产生了无比巨大的影响。在人类持续改造生产工具的过程中，机器人在人类迫切需要提高生产力的前提下诞生了。机器人作为人类能力的延伸，一经出现就对人类认识世界、改造世界能力的提升起到了巨大的作用。机器人的发展与革新依赖于人类对提高生产力的需求。机器人作为人类智能的延伸与扩展，帮助人类去完成一些繁重的、重复性的、危险的、复杂的、困难的工作。机器人是人类技术发展和技术积累的产物，是人类目前科学技术层次的最高展现。机器人技术的发展促进了人类生产力的飞速前进，但也对人类社会秩序、社会环境、传统文化、道德和伦理带来了巨大的冲击。

其实，在机器人技术快速进步的时候，机器人早已经与我们日常的各个方面密不可分了。机器人能够为人类提供很多服务，除了看护、医疗、代步等之外，情感机器人已经能够在一定程度上满足人类的情感需求。美国麻省理工学院的机器人专家Cynthia Breazeal研发出的"社交机器人"能够像人一样正常沟通，跟这种机器人交互的时候甚至感觉不出是在与机器交流，而会让人觉得是在跟平等的人交流。现如今市场上流行的机器人玩具受到了孩子们的热情追捧，这类机器人已经能够模拟简单的情感；机器人伴侣也如雨后春笋一般迅速占领了市场，与机器人玩具不同的是，机器人伴侣是在饱受质疑中发展起来的。毋庸置疑，机器人与人类的交互随着时间的推移将会越来越频繁。

第二节　机器人的分类与组成

一、机器人的分类

机器人根据不同的分类方式，可以分为不同的类型，主要有以下几种常用的分类方法。

（一）按照用途分类

根据机器人的用途不同，可以将机器人分为工业机器人、服务机器人、娱乐机器人、农业机器人、医疗机器人、海洋机器人、军用机器人等。

（二）按照控制类型分类

机器人的控制类型有很多，根据工作环境和需求精度的不同，可以选择不同的控制方式，主要有以下两种。

1. 伺服控制机器人

伺服控制机器人，是通过伺服技术包括移动位置、产生力等伺服方法进行控制的机器人。伺服系统是一种带有反馈的控制系统，机器人的所需执行动作的变量，包括位置、速度、加速度以及力等，都可以作为伺服系统的受控变量。这些反馈信号通过传感器获取，并与给定信号进行比较分析，得到误差信号，进行放大后去驱动机器人运行，使其实现一定规律的运动。

2. 非伺服控制机器人

通过伺服控制以外的技术手段，来驱动机器人实现一定的运动。例如顺序控制、定位开关控制等，都是非伺服控制技术。这类机器人需要预先编程，根据设定的程序进行工作，因此，其工作能力比较有限。

（三）按照机械结构划分

由于机器人的工作要求不同，其机械结构的复杂程度不同，根据机器人工作时机座的是否可以移动，可以将其分为两大类，即机座固定式机器人和机座移动式机器人两大类，分别简称为固定式机器人和移动机器人。

机座固定式机器人从机械结构来看，主要包含了直角坐标型机器人、圆柱坐标型机器人、球坐标型机器人、关节型机器人、SCARA 型机器人和并联机器人等类型。

1. 直角坐标型机器人

直角坐标机器人是指在工业应用中仅包括三维正交平移，即可实现自动控制、可重编程和运动自由的自动化装置。其组成部分包含直线运动轴、运动轴的驱动系统、控制系统和终端设备。可应用于多个领域，具有超大行程、组合能力强等优点。它具有三个相互垂直的线性自由度，可以到达驱动范围内 *XYZ* 三维坐标系中的任意点，并遵循一个可控制的运动轨迹，如图 1-1 所示。

直角坐标型机器人的结构具有较大的刚性，通常可以提供良好的精度和可重复性，容易编程和控制。其价格低廉，系统结构简单，被广泛应用于焊接、搬运、上下料、包装、码垛、拆垛、检测、探伤、等常见的工业生产领域。但其占地面积较大，动作范围较小，工件的装卸、夹具的安装等受到立柱、横梁等构件的限制，移动部件的惯量比较大，操作灵活性较差。

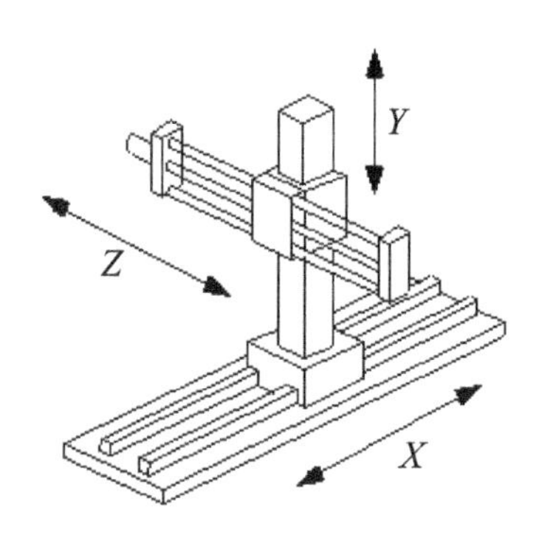

图 1-1　直角坐标型机器人

2. 圆柱坐标型机器人

圆柱坐标型机器人由两个线性运动和一个旋转运动构成。所以通常这种类型的机器人可以沿着 *Z* 轴和 *Y* 轴直线移动，又能够沿着 *Z* 轴旋转，基本上构成了一个圆柱坐标系统，因此它有一个圆柱形的工作范围，如图 1-2 所示。

圆柱坐标型机器人的空间定位比较直观，其位置精度仅次于直角坐标型机器人，控制简单，避障性能好，编程容易，但结构也较庞大，两个移动轴设计较复杂，水平线性运动轴后端易与工作空间内的其他物体相碰，较难与其他机器人协调工作。

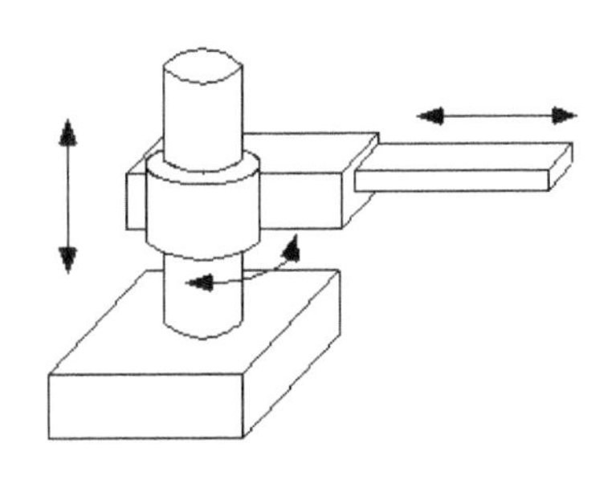

图 1-2　圆柱坐标型机器人

3. 球坐标型机器人

球坐标型机器人手臂的运动由两个转动轴和一个线性运动轴组成，它可以实现绕 Z 轴的回转，绕 Y 轴的俯仰和沿手臂 X 方向的伸缩，这类机器人运动所形成的轨迹表面是一个半球面，工作范围是球体的一部分。这种运动轨迹用极坐标系描述较为方便，通常也以极坐标系进行描述，因此也常常被称为极坐标机器人，如图 1-3 所示。

球坐标型机，机器人占地面积较小，结构紧凑，位置精度尚可，能与其他机器人协调工作，重量较轻，但避障性差，有平衡问题，其位置误差与臂长有关。

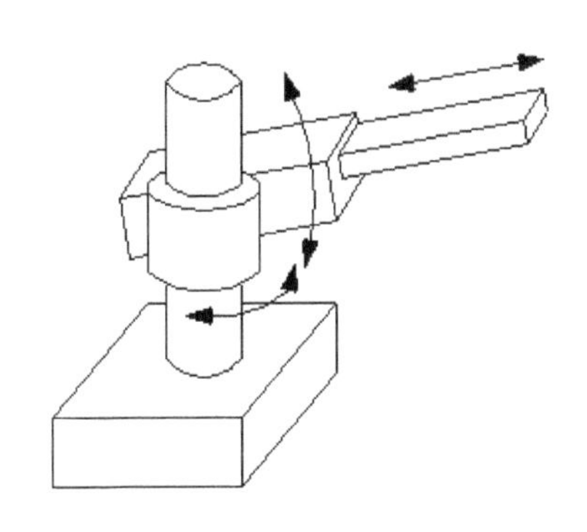

图 1-3　球坐标型机器人

4. 关节型机器人

关节型机器人是由多个转动关节串联起相应数量的连杆组成的开链式结构。主要由立柱、前臂、后臂组成，接近人类由腰部外手臂的结构，如图 1-4 所示。机器人的运动由立柱的回转、前臂和后臂的俯仰构成，腕部参考点运动所形成的工作范围也是球体的一部分。

关节型机器人具有很多优点，主要包括以下几个方面：

（1）关节型机器人结构最紧凑、占地面积小，工作范围较广，具有很好的避障性，易于与其他机器人协同工作，是目前使用最广泛的工业机器人。

（2）关节型机器人具有很高的自动度，适用于任何轨迹的工作，动作灵活。

（3）关节型机器人可以自由编程，完成全自动化的工作。

（4）关节型机器人可以控制错误率，提高生产效率。

同时，关节型机器人也存在一些弊端，主要包括：

（1）这类机器人运动学较复杂，控制存在耦合问题，进行控制时计算量比较大。

（2）价格高，导致初期投资的成本高。

（3）生产前的大量准备工作，比如，编程和计算机模拟过程的时间耗费长。

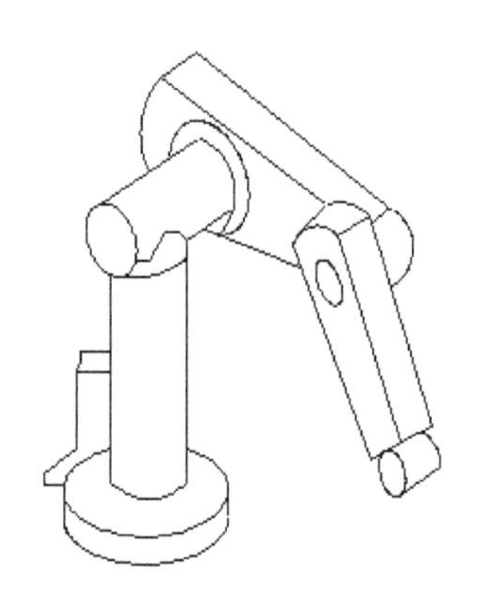

图 1-4　关节型机器人

5.SCARA 型机器人

SCARA 型机器人是一种圆柱坐标型的特殊类型的工业机器人。这类机器人一般有 4 个关节，其中 3 个为旋转关节，其轴线相互平行，在平面内进行定位和定向，另一个关节是移动关节，用于完成末端件在垂直于平面的运动，因此也叫水平关节机器人。手腕参考点的位置是由两旋转关节的角位移，及移动关节的直线位移决定的，如图 1-5 所示。

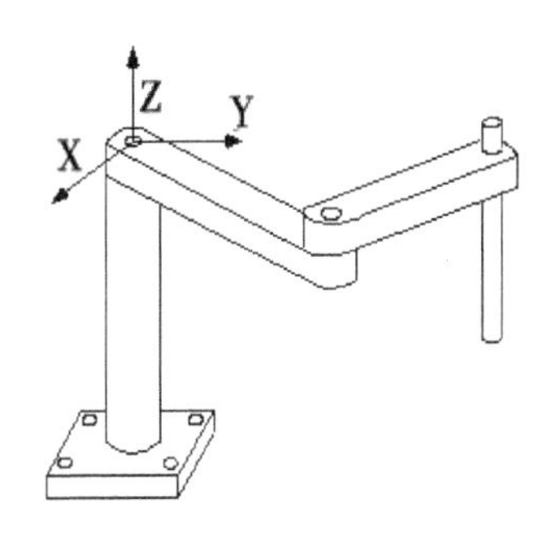

图 1-5 SCARA 型机器人

6. 并联机器人

并联型机器人的运动机构是由动平台和定平台通过至少两个独立的运动链相连接组成，具有两个或两个以上的自由度，且以并联方式驱动的一种闭环机构。图 1-6 为 Delta 型并联型机器人。

并联型机器人有以下特点：

（1）无累积误差，精度较高；

（2）运动部分重量轻、速度高、动态响应好；

（3）结构紧凑、刚度高、承载能力大、自重负荷比小；

（4）完全对称的并联机构具有较好的各向同性；

（5）占地空间较小．维护成本低；

（6）工作范围比较有限；

（7）在位置求解上，串联机构正解容易，但反解十分困难，而并联机构正解困难、反解却非常容易。

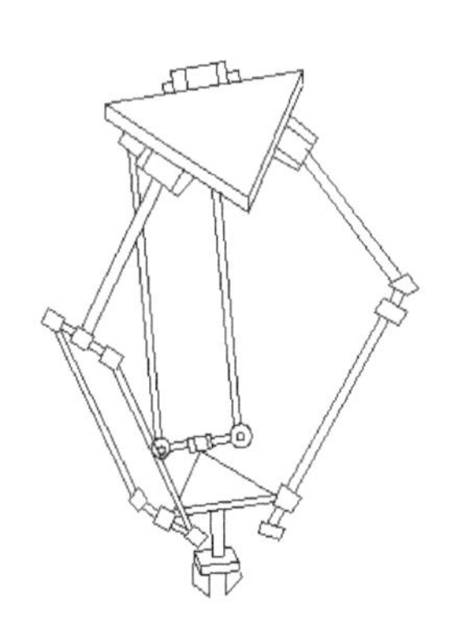

图 1-6 并联机器人

机座移动式机器人根据机座移动实现的方式不同，主要包含仿人机器人、多足式机器人、轮式机器人、履带式移动机器人、飞行机器人和水下机器人等几种类型。

（1）仿人机器人。

仿人机器人需要具备模仿人类的某些行为及技能的能力，双脚直立行走、观察外界事物、自主判断与决策、情感交互控制等从简单的非条件反射到高级智能行为均属于其研究范畴。可以说，仿人机器人综合了机械工程、电子工程、计算机工程、自动控制工程以及人工智能等多种学科的最新科研成果，是代表了机电一体化的最高成就之一，同时也是目前研究发展最为活跃的领域之一，仿人机器人的研制始于20世纪90年代末，在短短30多年的发展历史中，仿人机器人的研究工作进展迅速。仿人机器人的交互与合作研究更是机器人领域的一个新兴热点研究方向。

（2）多足式机器人。

多足式机器人不仅仅是模仿人类而设计，更多的是仿照生物进行设计，该类机器人拥有多条可以单独行动的足，在设计和操控中，拥有更高的难度。

多足式机器人具有很多鲜明的特点，主要有以下几点：

①在粗糙地面上行走具有自适应性和机动性。

②只要行走机器人的步距大于洞穴（裂口）的宽度就能跨越。

③有高度的技巧来操纵环境中的物体。

④动力和机械结构复杂。

（3）轮式机器人。

轮式移动机器人是使用机动轮子自行移动的机器人，轮式移动机器人的速度快，运动平稳而灵活，承重能力及适应能力极强，虽具有无法在极复杂地形进行精确的轨迹控制等问题，但是由于其具有自重轻、机构简单、承载能力强、工作效率高等优点，轮式移动机器人在各个领域有着广阔的引用前景以及不可撼动的地位，尤其在我国农业劳动力正在逐步匮乏的环境下，轮式移动机器人为提高我国农业生产效率起了极为重要的作用。

（4）履带机器人。

履带机器人因其结构特点，在一些特定场合下使用，具有鲜明的优势，主要有以下几个方面：

①履带的支撑面积较大，接地比压小，下陷度小，阻力小，适合在松软或泥泞地方作业。

②转向半径小，可以实现原地转向。

③具有良好的自复位和越障能力。

④履带支撑面上有履齿，不易打滑，牵引附着性能好，有利于发挥较大的牵引力。

移动式的履带机器人的这些特点，能使其很好地适应地面的变化，在一些特殊场合，得到了广泛应用，也使得国内外的学者对其不断研究，移动式履带机器人得以蓬勃发展。但是履带式机器人也存在一些弊端，有些问题需要进一步解决：

①部分履带式机器人的质量和体积较大，从而影响了机器人的灵活性，并且增加了生产成本。

②履带式机器人的稳定性相较于轮式机器人，有待进一步提升。

③应对机器人的控制算法进行改进、完善和发展。

④由于野外作业条件艰苦，需要寻求可靠的能源稳定持续提供动力。

（5）飞行机器人。

飞行机器人指具有自主导航和自主飞行控制能力的无人驾驶飞行器。这种机器人能够在 3 维空间中自由运动，并且具有运动机动性强、灵活性高等特点，近年来得到了较多的关注，由于不受地形限制，已经在勘察、搜救和军事等多种复杂场合和应用中体现出了重要作用。

飞行机器人根据其机翼类型不同，可以分为固定翼飞行机器人、旋翼飞行机器人和仿生扑翼飞行机器人。

固定翼飞行机器人具有速度快、载重大、航程长等特点。适应高速、大航程的飞行需求，在电力巡线、森林监控和军事方面得到大量使用，其中美国 X-47B 无人机具有高度智能化的特点，已能完成自主空中加油和在航母上的自主起降。固定翼飞行机器人的缺点主要在于飞行控制难度较大，成本较高，起降需要较大场地。

旋翼飞行机器人有单旋翼（直升机）和多旋翼两大类，因多旋翼机的飞行方向和高度均只需改变各轴螺旋桨速度即可控制，机动灵活，活动部件少。机械可靠性高。飞行控制简单，成本低，目前成了旋翼飞行机器人的主流，在航拍、农业、植保和勘测等民用领域得到了快速的应用。多旋翼飞行机器人受限于桨叶的承载能力，负载能力较小、能耗较大、航程较短。

扑翼飞行机器人的飞行机理仿生鸟类和昆虫扑翼动作，飞行效率高，机动灵活，但由于完全借助翅膀向后向下扇动空气来获得动力，存在着速度、高度和起飞重量的限制，而且空气动力学问题复杂，飞行控制困难，因此目前多为处于研究阶段的微小型飞行器，其中德国 FESTO 公司的仿生鸟 SmartBird 和蜻蜓机器人 Robot Dragonfly 已可模仿鸟类和昆虫在空中自由飞行并自行避障。

（6）水下机器人。

水下机器人是一种能在水下或海底运动的装置，在海洋工程中一般被称为水下潜器（Underwater Vehicles），它具有视觉和感知系统、通过遥控或自主操作方式、使用机械手或其他工具代替或辅助人去完成水下作业任务。

近年来，世界各国越来越重视水下机器人的发展，在海洋科学研究、海洋工程作业，以及国防军事领域得到了广泛应用，通常水下机器人可分为：自主水下机器人（Autonomous Underwater Vehicle，AUV）、有缆遥控水下机器人（Remotely Operated Vehicle，ROV）和自主/遥控水下机器人（Autonomous & Remotely Operated Vehicle，ARV）。AUV 自带能源自主航行，独立完成各种操作，是更智能化的水下机器人系统。AUV 有活动范围大、潜水深度深、隐蔽性好、不怕电缆缠绕、不需要庞大水面支持、占用甲板面积小和智能化程度高等优点，可执行大范围探测任务，但作业时间、数据实时性、作业能力有限，打捞、采样等作业能力较弱、回收比较困难，目前主要用于观测、勘探和搜救等民用、军事领域；ROV 依靠脐带电缆提供动力，水下作业时间长，数据实时性和作业能力较强，但作业范围有限。ARV 是一种兼顾 AUV 和 ROV 的混合式水下机器人，它结合了 AUV 和 ROV 的优点，自带能源，通过光纤微缆实现数据实时传输，既可实现较大范围探测，又可实现水下定点精细观测，还可以携带轻型作业工具完成轻型作业，是信息型 AUV 向作业型 AUV 发展过程中的新型水下机器人。

二、机器人的组成

通常来讲，按照机器人各个部件的作用，一个机器人系统一般由 3 个部分、6 个子系统组成，如图 1-7 和图 1-8 所示。这 3 个部分是机械部分、传感部分和控制部分；6 个子系统是驱动系统、机械结构系统、感受系统、人—机交互系统、机器人—环境交互系统和控制系统。

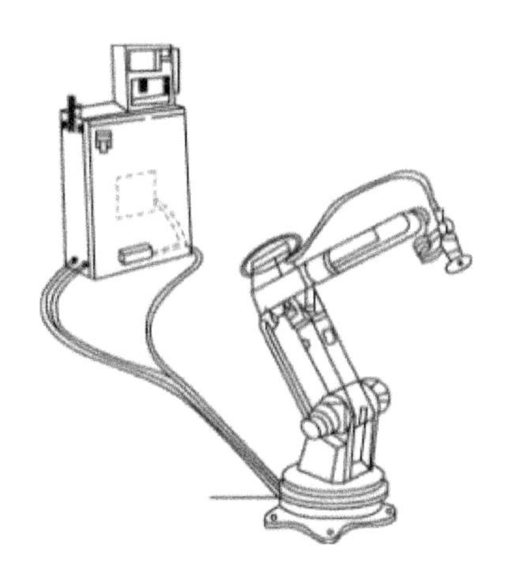

图 1-7　机器人的 3 各组成部分

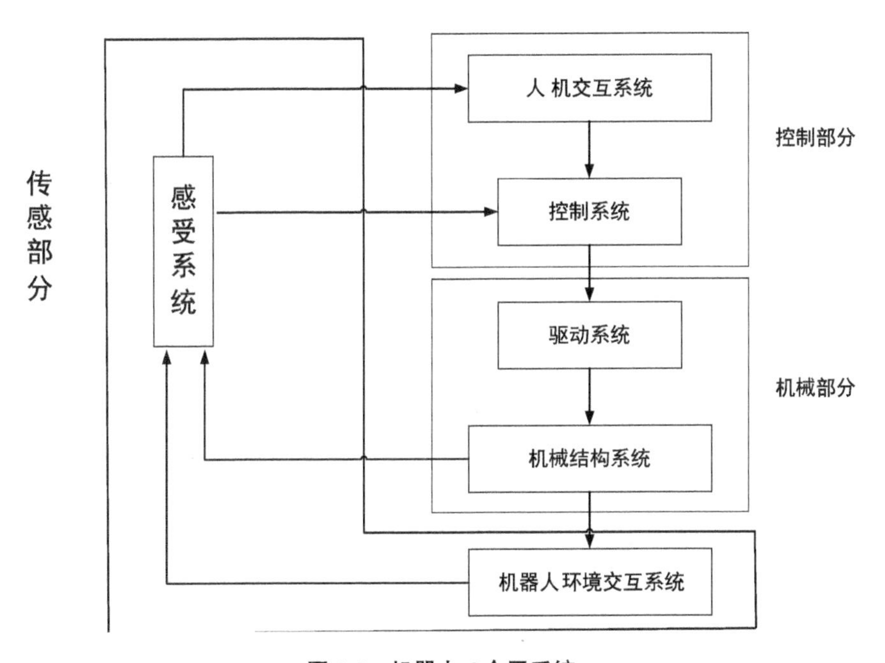

图 1-8　机器人 6 个子系统

（一）机械结构系统

机械结构系统是机器人的主体，包含了机器人工作运转的所有零部件，可以类比于人体的躯体。虽然机器人的种类各式各样，具有不同的分类，但是其机械结构系统类似，主要由机械手臂、机体的机身以及末端操作器这三大部分组成。其中这三部分中的每一个模块都可以进行一定程度不同形式的运动，都具有若干个自由度，他们相互组合，共同构成了一个多自由度的机械系统。由于不同部分具有不同的自由度，构成了形式各异的机器人，例如根据机身自由度的不同可以将机器人进行不同的分类，如果机器人的机身可以移动，具备行走的能力，则构成了行走机器人；如果机器人的机身不能直线移动，不具备行走的能力，这便构成了单臂机器人。单臂机器人通常情况下有三大部分组成，即上臂、下臂和手腕，是工业机器人中最常见的一种。

（二）驱动系统

驱动系统是驱动机器人各个关节运转的传动装置，是机器人的重要组成部分。随着科技的不断进步，机器人的驱动方式也在不断地变化，目前常用的驱动方式归纳为三大类：电动驱动、气动驱动以及液压驱动。不同的驱动方式具有不同的特点，其适用的机器人的类型、工况条件也大不相同，在实际应用中，通常根据不同的需求，将不同的驱动方式进行组合，形成复合式的驱动系统。

1. 液压驱动系统

液压技术的发展较为成熟，并具有众多优点。液压驱动能实现快速响应，并且拥有较大的动力和惯量比，比较容易实现直接驱动。液压驱动的这些特点，使其适用于需要较大承载力和惯量的机器人中。

液压驱动也存在一些弊端，由于液压系统是通过能量转换的形式实现，将电能转换成液体的液压能，液体的流速大多采用节流的形式进行调速，因此，其效率较低。同时，系统中的液体泄露也会对周围环境产生污染，工作时产生的噪声也较高。

2. 气动驱动系统

气动驱动系统主要是通过气压技术来实现，气动驱动系统结构简单，维修方便，成本低。广泛应用在一些负载不大的中、小型机器人中。气动驱动也存在一些弊端，其控制系统常通过程序控制，难以实现运用伺服技术控制。

3. 电动驱动系统

电动驱动系统主要是通过电能实现对系统的直接控制，不需要进行能量的转换，因此，其效率较高，被广泛应用在各种机器人中。这种驱动方式控制较为灵活，使用方便。电动驱动相较于液压和气动两种驱动方式，具有较高的成本，但由于其优点较为突出，仍然被广泛应用。

（三）感受系统

机器人的感受系统主要通过传感器来实现，由内部和外部传感器模块组成，目的是为了获取内部和外部环境状态信息。随着机器人技术的快速发展，传感器的使用大大提高了机器人的机动性，使其更加与环境相适应，提高了机器人的智能化水平。人类对外部环境的信息感知和获取已经非常灵巧和灵敏，但是对于一下特殊信息的感知，传感器比人类更加有效。

（四）机器人—环境交互系统

机器人—环境交互系统是实现机器人与外部环境中的设备相互联系和协调的系统。机器人与外部设备集成为一个功能单元，当然也可以是多台机器人、多台机床或设备、多个零件存储装置等集成为一个执行复杂任务的功能单元。

（五）人机交互系统

人机交互系统是研究人与计算机之间通过相互理解的交流与通信，在最大程度上为人们完成信息管理，服务和处理等功能，使计算机真正成为人们工作学习的和谐助手的一门技术科学，主要可分为指令给定装置和信息显示装置两类。

（六）控制系统

控制系统的任务是根据机器人的作业指令程序以及从传感器反馈回来的信号支配机器人的执行机构完成规定的运动和功能，是机器人的重要组成部分。其基本功能主要包括：记忆功能、示教功能、外围设备联系功能、坐标设置功能、位置伺服功能等。

第三节　移动机器人的环境感知

一、视觉感知

视觉信息是人类感知环境世界的主要途径，也是移动机器人感知环境世界的关键技术，机器人的视觉感知主要是通过视觉系统来实现。视觉信息的采集则需要通过视觉传感器来完成。视觉传感器作为机器人系统中常用的一种传感器设备，可以采集丰富的图像信息用于实现机器人的各种任务。视觉传感器相比于红外测距传感器而言，不容易受阳光干扰。同时比激光雷达的精度高并且具有更低的成本。而且与红外测距传感器和激光雷达不同的是，视觉传感器采集到的图像数据的精度不会受到传感器与物体距离远近的影响。随着相机像素飞速提升以及成本不断降低，视觉传感器将是未来的应用趋势。

二、嗅觉感知

机器嗅觉是一种模拟生物嗅觉工作原理的新颖仿生检测技术，嗅觉功能是完善机器人智能化不可或缺的重要组成部分，然而，要想开发在自然环境中依靠嗅觉自主导航、定位的机器人，研究人员将面临巨大挑战。与动物相比，目前机器人所具有的嗅觉能力还只是处于最初级的阶段。一方面是由用于实现机器人嗅觉功能的气体传感器本身特点所致。现有传感器大都存在灵敏度低、恢复时间长、选择性差等缺点，如常用的金属氧化物半导体传感器，其恢复时间大于 60 秒，远不能满足时性的要求。另一方面的困难来源于气味在空气中传播的形式和条件。另一方面的困难来源于气味在空气中传播的形式和条件。气味以分子状态向四周扩散形成烟羽，烟羽中气体运动由湍流和分子扩散运动组成。但是在真实环境中气味分子主要受湍流影，使得其分布很不均匀，给机器人跟踪烟羽、确定味源带来极大麻烦。

机器人嗅觉信息的感知和获取主要通过气体传感器来实现，气体传感器性能的好坏直接影响到机器人的运行，在选择时，需要注意以下几点：①高灵敏度、宽动态响应；②性能稳定；③响应快、重复性好。

三、听觉感知

声音无处不在，用语言沟通是人的本能，因此声学也就成为人类最早研究，且与各领域广泛交叉融合的科学领域。近年来，伴随着大数据、物联网、高性能计算、芯片等技术的发展，在机器视觉之后，以智能音频识别、智能降噪为代表的机器听觉也迎来快速发展。

在声源定位方面，研究了基于人的双耳定位模型的时延估计定位算法。传统的时延估计算法模拟了耳蜗内毛细胞的滤波功能以及上橄榄复合体的定位机制，忽略了大脑听觉皮层—下丘通路的反馈机制。在机器人声源定位中，在基于广义互相关定位算法中引入了模拟听觉皮层整合机理的神经网络算法，利用 RBF 神经网络良好的泛化能力与学习收敛速度，将广义互相关算法得到的声源坐标通过训练好的神经网络进行非线性误差矫正，提高声源定位算法的精度。通过实验验证，改进的声源定位算法在满足时间复杂度情况下，精确度得到一定的提高。

作为机器人听觉感知的主要用途，声源定位的研究方向可分为基于麦克风阵列模型和人耳听觉机理两个方面。而麦克风阵列模型的研究方法以其简单易操作性，一直是研究主流。Tadawute 等开发了声源定位系统用于机器人的导航，声源定位方法是基于人类听觉系统的优先效应模型来应对回声和混响。机器人利用声呐系统对障碍物进行检测，能够处理光线不好、突发事件，躲避前后的障碍物。2006 年日本的 HONDA 研究所通过将室内麦克风阵列和机器人头部的麦克风阵列联合实时跟踪多声源。室内麦克风阵列是将室内四周固定的麦克风获取信号，通过加权时延—累计波束成形方法对声源进行定位，提高传统时延估计定位法的准确度。机器人头部安装的麦克风阵列是由 8 个方向的麦克风组成，其方位角的定位是通过自适应波束成形器法来获得，比非自适应系统取得更好的性能。

四、味觉感知

机器人的味觉感知主要是应用在对液体成分的分析上，例如海洋资源勘探机器人、食品分析机器人、烹调机器人等。机器人味觉信息的感知和获取主要通过味觉传感器，目前已经开发了很多种味觉传感器，用于液体成分的分析和味觉的调理，主要包括以下几种：

（1）离子电极传感器（两种液体位于某一膜的两侧，检测所产生的电位差）；

（2）离子感应型 FET（在栅极上面覆盖离子感应膜，靠浓度检测漏电流）；

（3）电导率传感器（检测液体的电导率）；

（4）pH 传感器（检测液体的 pH）；

（5）生物传感器（提取与特定分子反应的生物体功能，固定后用于传感器）；

五、触觉感知

机器人的触觉传感（Touch Sensing）系统就是一种可以通过接触来测量物体给定属性的装置或系统。与人类一样，机器人的触摸传感能够帮助机器人理解现实世界中物体的交互行为，这些行为取决于其重量和刚度，取决于触摸时表面的感觉、接触时的变形情况以及被推动时的移动方式。一般来说，机器人的触觉感知与在预定区域内力的测量有关。为了改进机器人的应用效果，也应当为机器人配备先进的触觉感知系统，以使其能够感知周围环境，远离潜在的破坏性影响，并为后续任务（如手部操作）提供有效信息。只有给机器人也配备先进的触摸传感器，即“触觉传感”系统，才能使其意识到周围的环境，远离潜在的破坏性影响，并为后续的手部操作等任务提供信息。然而，目前大多数机器人交互式技术系统由于缺乏对触觉传感技术的有效应用，其动作不准确、不稳定，交互过程“笨拙”，极大地限制了他们的交互和认知能力。

机器人触觉传感有着众多应用场景：比如在操作任务中，使用触觉信息作为机器人的控制参数，例如，接触点估计信息、表面法向和曲率等；在抓握任务中，通过测量法向静态力来检测物体滑动情况，例如，将接触力的测量值用于辅助抓握力控制，这对于机器人保持稳定抓握至关重要；在机器人的灵巧操作任务中，判断施加操作用力的方向也是至关重要的，例如，通过调节法向力和切向力之间的平衡，能够保证抓握的稳定性。

第四节　智能移动机器人的定位

得益于传感器技术的飞速发展，人们针对机器人的具体任务要求采用了各种不同的传感器来实现移动机器人的自主定位。

基于惯性传感器的自主定位在短时间内具有较高的精度，但在机器人的长期运动中会产生漂移误差，GPS 是比较成熟的移动机器人室外定位导航系统。超声波传感器可以测量机器人到各个方向的距离，可在地图确定的条件下计算出当前位置的坐标 16 在室内空间中，基于超声波传感器的定位精度可以达到 cm 级别，但是超声波信号传输时容易受到干扰，而且需要较高的硬件设施成本。

摄像机与激光雷达这两类传感器能够直接获取周围环境信息，并根据周围环境特点进行自主定位，可同时解决移动机器人的感知和定位这两大难题，从而成了目前机器人技术领域用得最多的传感器，激光雷达向周围的环境中发射激光并检测激光束反射回来的时间差来得到传感器与环境中的物体之间的距离，得到的是点云信息。目前把激光雷达的点云信息用于移动机器人的定位和建图的优点是比较稳定，不会受到环境光照的影响，数据量少而且精度很高。随着视觉传感器成本进一步降低，像素进一步升高，视觉定位方案精度和速度潜力巨大，越来越受青睐。相对于激光雷达而言，视觉传感器（摄像机）在能通过采集到的图像获取周围的环境信息的同时，还具有价格便宜、体积小、功耗低和易于安装的优势。基于视觉的定位方案，一般分为基于固定相机的全局定位，以及安装于机器人上的自主定位。

在对机器人的定位方法进行长期、深入的研究过程中，形成了各种丰富的定位研究方案。然而至今为止，还没有一种通用的定位系统可以适用于任意环境和机器人所要执行的各种任务。移动机器人主要有绝对定位和相对定位这两种定位方式。相对定位指的是机器人在已知初始位置和方向时，计算出每一时刻相对于自身初始时刻的位置和方向。绝对定位指的是机器人不需要知道初始时刻在环境中的位置，每一时刻都能计算出自身在环境中的坐标。

相对定位又称为航迹推算定位，是一种广泛使用的定位技术，可分为基于IMU的惯性导航法，基于轮式编码器的测程法和基于摄像机的视觉里程计法惯性导航法对IMU的加速度数据和角速度数据进行解算得到移动机器人的位姿112在测程法中，首先通过轮式编码器在一段时间内的读数可以推算出电机的转速，从而进一步可以推算出轮子的线速度。然后结合轮子的线速度和机器人的运动学模型可以计算出移动机器人的速度。接着将移动机器人的速度对时间进行积分得到这段时间里机器人的位置增量。最后将每一时刻的位置增量在前一位置的基础上进行累加，即可实现机器人的定位。惯性导航法和测程法原理简单，但是IMU具有漂移误差问题，轮式编码器会受到轮子打滑或空转的情况的影响，估计精度随着时间推移会越来越低。

针对IMU的漂移误差问题，有学者提出了一种参数可调的误差模型并通过实验数据得到最优的参数，将该误差模型融入扩展卡尔曼滤波（EKF）对移动机器人进行定位，减少了IMU在短时间内的定位误差。为了减小编码器的系统误差对机器人定位的影响，提出了UMBmark校核方法，把系统误差至少减小了一个数量级，但是仍然不能避免轮子打滑或空转的影响。IMU和编码器都是在机器人移动过程中对自身运动状态的一个测量，缺少对周围环境信息的感知。视觉里程计最早由Nister在2004年的一篇文章中提出。视觉里程计通过跟踪特征点在不同图像中的位置变化，计算出相邻帧图像之间摄像机的运动增量，把该运动增量进行累加得到摄像机的位姿。相对而言，视觉里程计不会受到轮子打滑或空转的影响，并且可以提取出周围的环境信息，能够提供更加精确的运动估计结果，具有广泛的应用前景。

绝对定位方法包括基于GPS定位、路标导航定位和地图匹配定位，与相对定位方法相比更加多样化。

GPS定位采用三边测量方法对移动机器人进行绝对定位，即已知机器人上的接收器到3颗卫星的准确距离和卫星瞬间位置的信息，可以通过计算进一步得到机器人的经纬度和海拔高度。机器人到卫星的距离可通过机器人上的接收器测量卫星RF信号的传输时间计算得到。典型GPS系统的定位精度会受到移动接收器和固定参考站之间距离的变化的影响。为了解决这个问题，许多商用GPS接收机都具有差分功能，使得定位精度随着移动接收器与固定参考站的距离减小时得到提升，典型的差分GPS接收机的定位精度约为4~6m。虽然GPS

定位使用便捷，但是在一些对定位精度要求高的场合，如室内等，其覆盖效果并不好。

路标导航定位通过对路标进行识别计算得到机器人的位置。路标一般相对于环境具有明显的特征从而易于被传感器识别。路标的类型有人工路标和自然路标这两种。人工路标是根据移动机器人所处环境的不同专门设置的物体或标志物并且被放置在环境中的特定位置。自然路标是一些已经存在于环境中的物体，一般具有易于识别的特征可以作为机器人定位时的路标，比如长而垂直的边等。例如可以使用不同颜色的 LED 灯作为路标，用来区分不同的路标在环境中的位置信息，然后根据移动机器人对路标的观测信息得到机器人与路标的相对角度，并利用三角几何定位方法实现移动机器人的定位。

地图匹配定位方法根据局部地图与全局地图的匹配结果计算出移动机器人在环境中的位置。目前地图类型主要有栅格法、拓扑法和特征法，栅格地图的创建较为容易，只需把当前环境划分为若干个用 0 和 1 表示的栅格，0 表示该区域可以通行，1 表示该区域有其他物体需要避开。构建的地图精度与栅格划分的粗细有关，并且栅格个数的增加会导致地图维护变得困难且机器人运行的实时性变差。拓扑地图由节点和线段组成，适用于大范围、结构简单且物体间的相似度低的环境。特征地图的表现形式较为抽象，主要由机器人提取的几何特征组成，在局部区域内精度较高，但在大范围环境中效果不太理想，并且不太适用于非结构化场景。由于单一地图都有各自的优势和局限性，所以采用混合地图来进行地图构建的方法成为了一种新的趋势。随着传感器对环境感知能力的提升，人们开始利用不同的传感器来获得地图信息。科研工作者把 CCD 摄像机、激光雷达、超声波等传感器安装于移动机器人上来扫描周围环境并构建环境的地图信息，利用该地图信息进行定位都实现了高精度的机器人定位。但是这些研究目前都是针对静态场景下的定位，当环境为动态环境时，定位精度会受到环境中动态物体的干扰。

第二章　智能移动机器人的驱动技术

智能机器人是高效、柔性和自动化装焊生产线上的执行机构，全新制造技术的应用需要通过机器人驱动来实现。本章分为智能移动机器人的体系结构、智能移动机器人的运动学原理、智能移动机器人的驱动系统三部分。主要内容包括：多智能体系统（MAS）、基于多智能体系统的移动机器人体系结构、移动智能机器人的机械系统设计、移动机器人的传动系统设计等方面。

第一节　智能移动机器人的体系结构

一、多智能体系统（MAS）

（一）Agent 的概念

尽管很难给 Agent 一个很确切的定义，但可以从目的、属性和与主体的关系三个方面给出一个 Agent 的描述：Agent 是一个运行于动态环境的，具有较高自制能力的实体，即自制体；其根本目标是接受另外一个实体的委托，为之提供服务；并能够在该目标的驱动下，主动采取包括社交、学习等手段在内的各种必要的行为，以感知、适应并对动态环境的变化做出适当反应。

由此可见，Agent 与其服务主体之间具有较为松散和相对独立的关系，是由一定的目标驱动，并具有某种自我控制能力的实体，能够不受人或其他自制体的直接干预，运行于复杂的和不断变化的动态环境中，并具有某种对自身行为和内部状态的控制能力[①]。

（二）多 Agent 系统（MAS）

正如具有良好组织机制的团体能力会优于任何个人能力一样，多 Agent 系

① 张骏，舒光斌 . 基于 Internet 的多 Agent 群体决策支持系统研究 [J]. 武汉理工大学学报，2004（04）：91-93.

统的有效协作，也可使其求解能力超过单智能体。因此多智能体协调与协作问题是 MAS 研究的核心问题之一。

所谓 MAS 是指由多个 Agent 组成的一个较为松散的多 Agent 联邦，这些 Agent 成员之间相互协同，相互服务，共同完成一个任务。各 Agent 成员的活动是自制和独立的，其自身的目标和行为不受其他 Agent 成员的限制，它通过竞争或磋商等手段协调解决各 Agent 成员的目标和行为之间的矛盾和冲突。MAS 作为一个整体，也具有 Agent 的属性[①]。

多 Agent 系统主要研究在逻辑上或物理上分离的多个 Agent 智能行为的协调，即依据动态的知识、目标、意图及规划等，实现问题的求解。多 Agent 系统也可看作是采用自底向上的方法设计的系统。因为在原理上分散自主的 Agent 首先被定义，然后研究怎样完成 . 一个或多个 Agent 上的问题求解。Agent 间可能是协作关系，也可能存在着竞争，甚至是敌对的关系[②]。

多 Agent 系统可以有三种结构：集中式、分布式和混合式，其中混合式又可以分为两种形式，如图 2-1 所示。其中●代表管理服务机构，O 代表 Agent 成员。

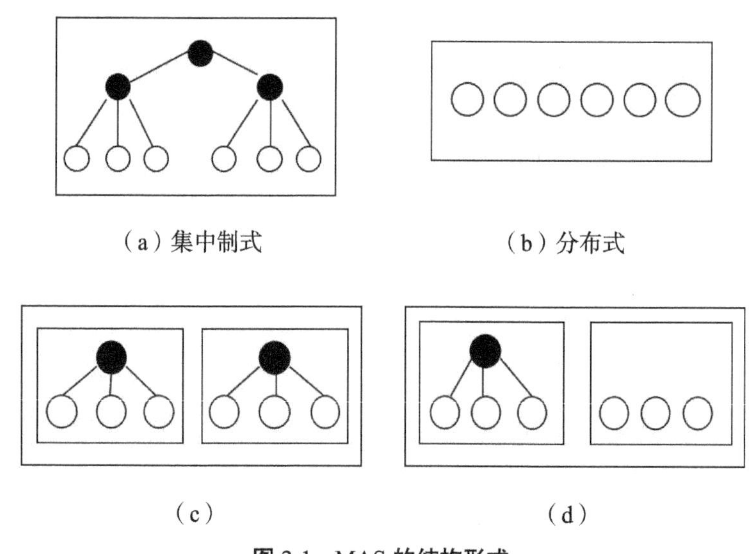

图 2-1　MAS 的结构形式

① 赵丽，董红斌，兰健 . 基于 Java 的多 Agent 系统的研究 [J]. 哈尔滨师范大学自然科学学报，2009，25(04): 78-81.

② 罗娜，钱锋，涂善东 . 多 Agent 环境下过程设备的分布式智能决策支持 [J]. 自动化技术与应用，2007（02）：20-22.

Agent 技术能够解决空间分布的信息资源和专家知识的有效利用问题，允许多个现有的智能系统相互联系和相互合作，实现分布、并行、合作问题求解，能够适应和容许某些不确定事件的发生，增强系统容错和故障恢复能力；通过不同数量和不同能力的 Agent 组成针对不同问题的 MAS，提高系统的可重用性并增强系统的可扩展性和灵活性；通过 Agent 的模块化增强系统的可维护性，能够在模块或局部范围内处理异常事件而不致将其扩散到整个系统，从而降低系统对异常事件的敏感性。

二、基于多智能体系统的移动机器人体系结构

（一）移动机器人的任务构成和模块构成

根据需求，移动机器人具备如下基本功能：在准结构化道路网上自主避障行驶；在结构化道路网上自主行驶；在越野环境中自主避障行驶；精确定位；多种技术手段（定位技术、视觉技术、路标识别技术）导航；基于地理信息系统的全局路径规划和实时重规划。

根据各功能要完成的任务不同，对硬件和操作系统的要求也不同；例如驾驶控制要求相应的操作系统必须有很强的实时性，而仿真显示则要求计算机有很强的图形处理能力；另外，二维图像处理、三维障碍检测、立体视觉等功能的数据采集卡是工作在窗口系统下的；这样造成了在总体系统中有多种操作系统并存的局面，使得智能机器人的控制系统由多台计算机及其外围设备组成；具体包括四台 PC 工控机、两个 SGI 工作站、两台 Motorola 专用工控机。

（二）移动机器人的 Agent 模型

1. 组织层

根据机器人的总体规划和机器人当前所处的状态制定下一步工作状态，这由总控 Agent 完成：机器人的状态可用四元组表示 <TM，FT，RT，0B>。

其中：TM 表示行驶时间，取值：白天、夜晚。

FT 表示行驶路况，取值：结构化道路、半结构化道路、越野。

RT 表示道路类型，取值：直道、弯道、岔道等。

0B 表示道路状态是否有障碍[①]。

2. 关系层

关系层是机器人的协调机制，根据不同的状态采取相应的功能：Agent 的

① 黎夏等. 地理模拟系统：元胞自动机与多智能体 [M]. 北京：科学出版社，2007.

联盟方式，由采用中心黑板结构的协调系统（推理机）完成。

3. 个体层

由众多的功能模块构成的功能 Agent 组成，它们是：二维视觉信息实时处理；主动三维视觉信息实时处理；被动三维视觉信息实时处理；机器人定位定向；局部路径规划；多传感器数据融合；全局路径规划；路标识别；系统监控；自动驾驶；图像与数据无线通信

在整个系统中，Agent 是具有自己的知识模型和 I/O 系统的特定领域问题求解单元，工作在计算环境中，相当于一个独立进程。Agent 可以是简单的设备驱动器，也可以是复杂的专家系统，具备多种功能，可以处理不同的势态，能柔性地改变与其他 Agent 的 I/O 连接。

Agent 模型包含 3 个部分：内核、I/O 端口和“开关”。内核含有特殊的功能函数库或知识库。I/O 端口是与其他 Agent 互换消息的软连接通道。“开关”接收黑板的当前状态，选择内核功能和建立 I/O 通道，其工作模型是简单的查表。Agent 一般按如下方式工作：首先从黑板得到当前状态，并由“开关”作出决策，选择内核功能和 I/O 通道，内核处理从输入通道来的数据，并把结果输出到相应的输出通道，同时分析处理结果，将评价作为事件报告给黑板，如图 2-2 所示。

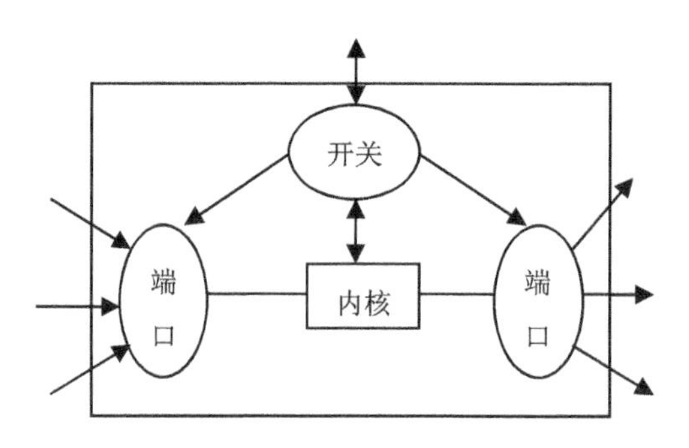

图 2-2　Agent 模型

（三）移动机器人的协调机制

机器人的协调机制是由关系层中的 Agent 完成，协调 Agent 系统由中心黑板，高速实时推理机及监控器三部分组成。其结构和所有的功能 Agent 之间的关系如图 2-3 所示。

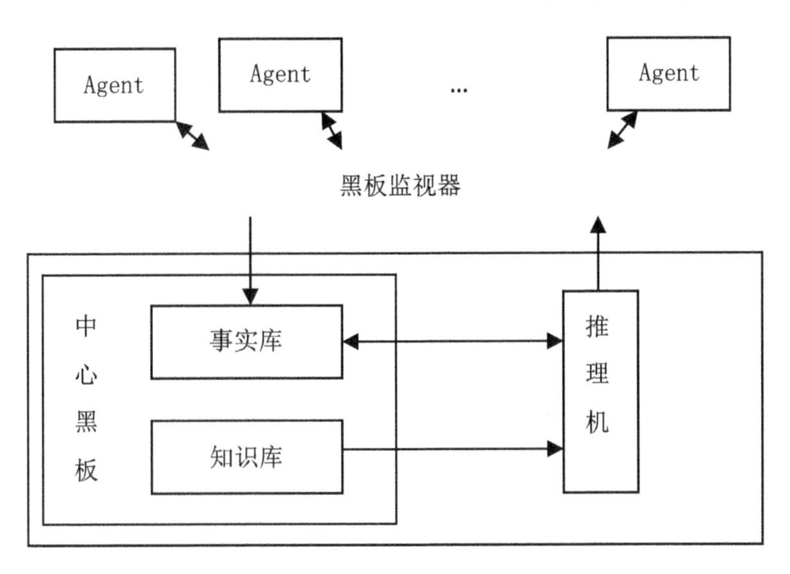

图 2-3　协调 Agent 系统结构及其与功能 Agent 间的关系

1. 中心黑板

存放所有的公用数据，包括系统的基本设置参数、各 Agent 的工作状态、系统内外环境事件和当前总体状态。主要用于全局性数据共享，收集全局数据供推理机构评估，及指导各 Agent 工作的选择。协调系统设置方便灵活的工具，供各 Agent 进行信息交换[①]。

2. 高速实时推理系统

包括基于知识规则的推理机器，以规则形式进行高层的推理，用于网络环境形势的评估，执行全局性驾驶控制策略，并以此指挥协调各个 Agent 工作。

3. 全局监控器

用于保持黑板与各个 Agent 之间的联系，监督各个 Agent 上报的事件，发送全局性状态信息。黑板与 Agent 之间的依赖关系如图 2-4 所示。

① 朱淼良，俞宏知，郭晔，黄金钟 . 一个基于 MultiAgent 的网络防卫系统 [J]. 网络安全技术与应用，2001（10）：35-38.

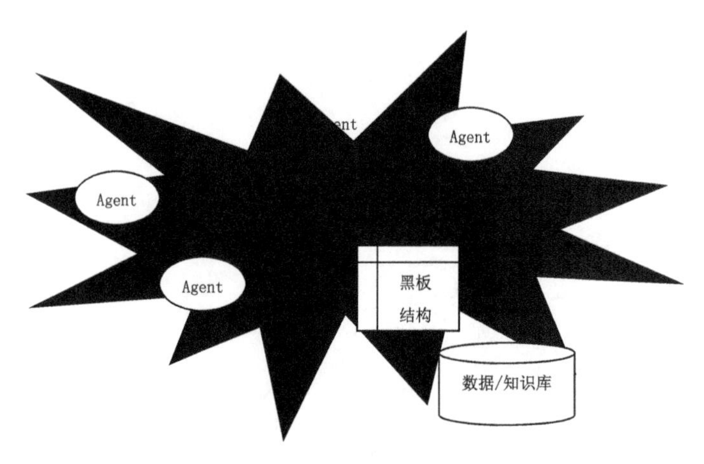

图 2-4　黑板与 Agent 间的依赖关系

推理机相当于一个工作引擎的作用。知识库和事实库相当于用特殊形式表达的专家系统数据库。它采用了一种松散的层次结构，将相关的数据在同一层次相关联，这些数据又同其他层次的数据发生纵向的联系，通过这种联系，使得搜索可以在相关联的层次进行。

三、移动机器人的机械系统设计

移动机器人的结构系统设计是整个机器人的基石，其结构设计稳定性和可靠性决定了能否控制各个机构实现预设动作和要求。对于移动机器人运行的环境综合考虑，例如移动机器人底盘结构的设计是适用于沙滩、草地、山路、旅游场所等复杂的路况，悬挂机构可以消除机器人悬空可保证为机器人驱动轮提供充足的牵引力；另外，悬挂系统有减震的功能，其性能对于机器人结构十分重要，因为机器人的图像采集设备、激光雷达以及姿态传感器等高精度的传感器都会存在因震动而引起稳定性差的情况。

就以上问题，采用基于阿克曼几何学原理的移动机器人底盘悬挂机构的设计改进，其中包括动力源及传感器的选型、底盘悬架结构的设计、传动系统的设计、控制系统的设计。因此，设计及搭建全地形自主移动机器人，并基于 Solidworks 建模软件绘制出了其三维模型，为后面的算法研究和验证提供基础。

（一）机器人的设计指标和设计方案

全地形智能移动机器人要求其具有灵活的转向能力、较强的越障碍的能力、爬坡能力等特点，要求能在工厂车间、公共场所、山路、草地、沙滩等，要求在非结构化及易变的环境中活动灵活，另一方面，由于机器人配备有激光雷达、深度相机及加速度计等高精度传感器都会存在因为振动产生稳定性可靠性差的问题，因此针对以上状况，对机器人本体整体设计提出如下要求：

（1）能够实现技术规定的运动，如机器人的底盘能够进行前、后、转弯等运动模式。

（2）运动执行机构设计巧妙（转向、驱动及减震），结构紧凑、传动效率高，还预留传感器安装位置以及硬件控制板卡，并且损坏的器件易于安装、更换以及方便为之后控制算法的开发及软件系统的实现。

（3）应考虑硬件控制系统的可行性和可靠性，能够为软件控制系统提供准确可靠的数据。

（4）底盘负载能力大，具有抗倾覆的能力，较强的稳定性，模块化设计，拆装方便。

（5）为了后期维护成本和时间降低，尽可能使用标准件。

（6）机件图纸规范化处理，为后期加工和存储。

根据以上设计的要求，智能移动机器人指标如表 2-1 所示。

表 2-1　移动机器人的底盘设计指标

参数名称	指标
额定负载	5 kg
最大限速度	8 m/s
最大角速度	60 °/s
最大爬坡角度	20 °
最大越障能力	30 mm
驱动方式	四轮差速
底盘悬架	独立式悬架

基于以上的设计功能及设计指标，构建的移动机器人系统包含机器人本体以及基于 X86 架构的微型计算机（Mini-PC、工控机）和传感器，如深度相机（Kinect）、激光雷达、惯性测量单元以及为控制系统供电的电池的上层，中层布置了硬件控制板卡（MCU）以及电源转化电路、电机驱动电路以及传感器驱动模块，底层布置了电机的电子调速器（ESC），为硬件提供动力的电池、电机以及转向舵机。

移动机器人平台的主要功能是本地电脑与移动机器人上的微型工控机进行

数据交互为软件开发和算法验证与改进及调试提供便捷，微型电脑控制移动机器人在未知环境中自主导航及实时构建地图，移动机器人底盘所携带的微型计算机和无线路由，利用无线 WiFi，机器人能够接收本地电脑发布的控制指令，进而通过微型工控机装载 Ubuntu 操作系统中的 ROS 框架进行相应的算法解算及路径规划，向中层控制板卡（MCU）发送速度控制指令，于是控制板卡进行生成 PWM 波及驱动电机转动，故完成移动机器人在测试场景中前进、后退及转弯等。由激光测距仪和深度相机（Kinect）传感器来获取未知环境的环境信息和数据，最后由微型工控机的软件系统处理获取的环境的数据进而实现路径轨迹、自主导航、地图构建及地图的更新避障等。

（二）移动机器人底盘结构设计

1. 移动机器人的移动形式分析

设计目标是室内外智能移动机器人，面对不同的路况，甚至可能是沙滩，草地等，需要其具备一定的越障能力。因此采用全地形移动形式机构，其机构主要包括腿式、履带式、轮式以及组合方式，然而这几种移动形式的机构应对各自的地形有不同优缺点。腿式具有较强的适应地形能力，但是其结构及控制系统复杂。履带式对凹坑适应较强，但其转弯不如轮式移动机器人灵活、快捷。组合式虽有以上综合的优点，但是其执行机构及控制方式复杂。

综上所述，最终采用轮式作为机器人的移动方式，目前轮式移动机器人主要采用分为三轮式、四轮及六轮式。

综上所述，轮式移动机器人机械结构简洁、控制系统简便、机动性强、效率高等特点，故采用四轮移动机器人的底盘布局，如图 2-5 所示。三轮式移动机器人结构稳定性差，越障能力弱；六轮式移动机器人机构复杂，虽然可靠性和越障性较强，但是不具有普遍性，其成本高、控制系统复杂。

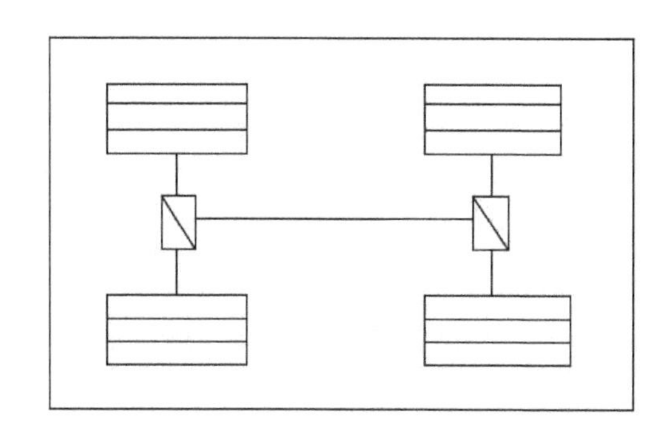

图 2-5　采用的底盘结构布局

如图 2-5 所示，该移动底盘上的前后轮上分别装有差速器，中间采用一个无刷电机进行前后的四轮进行驱动，实现其本体的速度控制。前两轮起到驱动、转向作用，在转向方面采用类似于汽车阿克曼转向机构进行移动转向控制，利用转向舵机进行机器人底盘转向控制，阿克曼转向技术成熟，其在性能和可靠性等方面得到较好的均衡。此底盘，利用一个驱动电机和一个转向舵机就能实现其转向及速度控制，使控制算法设计更为简单，转向角度更为精准，可靠性更强，但同时使得机械结构变得更为复杂，实现机器人平台体积及质量变大，由于移动机器人面对的路况复杂，传感器采集数据以及行驶过程中车身稳定等综合考虑，所以需要继续进行机器人的底盘的悬架的进一步深入研究和设计。

2. 移动机器人底盘的悬架机构分析

对于多轮式移动机器人的底盘，悬架机构是不可或缺的，它对机器人运行的平稳及越障起着必不可少的作用。当轮式移动机器人行进时遭到不平整的路面时，悬架系统可以通过自身的连杆及减震系统来缓解驱动轮悬空或者打滑等路况，从而使得移动机器人获得足够的牵引力，使得机器人可以平稳地运行以及使得具有较好的操纵稳定性，进而控制车辆的侧倾与仰俯；悬架机构还具有一定的减震效果，而减震对于整个移动机器人系统起着至关重要的作用，由于机器人自身配备的激光雷达、深度相机及姿态传感器等高精度传感器都会存在由于针对产生的可靠性差的问题。

根据汽车悬架来构思进行移动机器人悬架设计，整体上，汽车悬架系统主要分为独立式和非独立式。非独立式悬架系统，驱动轮安装在车轴两端，没有额外的布局方式，一侧驱动轮的震动会使另一侧车轮的震动，进而会使车身倾斜或者跳动。

然而，独立式悬架系统分别在驱动轮上装上减震器，进而可以缓解两个车轮产生的震动对车身的影响，提高了汽车在不同的路况通过性。

因此，独立式悬架系统要优化于非独立式悬架系统的性能，其优点是对地接触好、减震显著等，得到了广泛的使用。汽车的独立式悬架分为三种基本类型:横臂式独立悬架、纵臂式独立悬架和烛式独立悬架，其中汽车多种形式的悬架机构能够为移动机器人底盘的悬架结构的设计提供思想源头。横臂式悬架是指车辆在水平面内上下摆动，分为单臂和双臂。其优点结构简单简单、侧倾心高，较强的抗倾侧的能力，但其劣势是越障时，横臂会绕着车身支撑点做圆周运动，进而造成磨损轮胎的内外侧，但是对于移动机器人而言，由于其载重相对较轻，所以可作为移动机器人悬架最佳选择。纵臂式悬架在运动式轴距会改变，稳定性较差。斜臂式悬架是横臂悬架的衍生，其结构相对简单，但是车辆运行不稳定。烛式悬架是指车轮沿着与车身刚性连接的主销轴线上下活动的悬架，其缺点显著，即由主销和套筒承受的摩擦阻力大，故此悬架机构在汽车上已很少采用。麦弗逊式悬架是烛式独立悬架的改进，它是由螺旋弹簧、减震器以及三角下摆臂构成，减震器上外面用刚性弹簧套上，减震器可以限制弹簧因受力产生的变形偏移，并且减震器的伸缩可以调整悬架的刚性，其结构紧凑，布置合理，在汽车上得到大量使用，然而对于移动机器人而言，麦弗逊式悬架系统，其结构冗余，设计烦琐，代价成本高。

根据以上所确定的四轮行走机构以及悬架结构、原理以及优点和缺点，再结合车身整体尺寸、用途以及功能，最后在移动机器人底盘应用上综合分析。麦弗逊式独立悬架综合性能指标优于其他形式的悬架，但是其结构复杂，零部件多，稳定性差，抗侧倾和制动点能力弱，对于移动机器人显得冗余，设计的难度高。而横臂式独立悬架由于结构简单、体积小，可以实现简单的越障要求，更适合应用于室内外移动机器人。本文结合横臂式和麦弗逊式独立悬架工作原理提出了移动底盘的横臂独立悬架和麦弗逊式独立悬架相融合的悬架机构。

3. 移动机器人的独立悬架机构设计

根据要搭载的传感器以及面对的路况综合考虑，将移动机器人两轮轴间最外侧间距离设计为 175 mm，底盘离地最小的间距为 40 mm，可保证机器人越障性以及稳定性。在车身底盘的底部和顶部，后轮下控制臂的一端通过刚性销钉与车身主体相铰接，另一端与后轮纵向控制臂巧的底端铰接，纵向控制臂的顶端通过铰链与上控制臂的一端铰接，上控制臂的另一端与后减震板的底部由螺钉进行连接，后轮的减震器的底部与后控制臂相铰接，减震器的顶部与后减震板顶部通过销钉进行紧固，而后半轴为万向节传动轴，由后桥差速器输出转速和扭矩通过后半轴进而驱动车尾部的一侧轮子转动，后半轴尾部外部套着轴承套穿过后控制臂巧进而与车轮固连；而车头部与车尾部结构的设计与布置基本大致类似，但是又有区别和联系，同样地前桥差速器与前半轴也为万向轴输出转速和扭矩进而驱动车头的一侧前轮，前半轴的外侧套上轴承套安装在转向节上，转向节纵向上可以绕着纵控制臂转动，横向上有转向连杆拉动转动转向节纵向转动，因此既可以驱动前轮转动又可以控制前轮转向。类似地，前减震器与前减震支撑板铰接，上控制臂前后端分别于纵向控制臂与前减震板相铰接。因此，移动机器人在正常平整路面时以及在遇到凹凸路况时，可以围绕车身前进或者后退的方向上做类似圆周摆动，翻越障碍物，进而可以维持车身稳定，并且这样可以提高传感器采集的数据真实性与可靠性。

4. 机器人单侧悬架机构分析

在机器人独立悬架结构设计中，需要简化悬架机构，可以利用相似原理，等价于双横臂，即上、下控制臂，取上控制臂为例，上控制臂，其两端分别为球形铰接，这样可以保持其悬架性能及刚度。对于悬架的导向机构在横向水平面上的布局方案要求机器人悬架的前、后侧倾中心高度应保持一致，其距离不能过大。本机器人悬架的侧倾高度为 40 mm。因此，在这里选取机器人前悬架的一侧为研究对象，前悬架的一侧侧倾中心高度 h_0，上侧、下侧控制臂，分别与在横向水平面上的布置角度为 α，β。

在此可以推算侧倾高度公式的推到以及相关数学几何关系，于是有以下数学公式关系。

$$h_0 = \frac{L_1}{2}\frac{h_p}{k\cos\beta_0} \tag{2.1}$$

$$l = b\frac{\sin\left(90° - \alpha_0\right)}{\sin\left(\alpha_0 + \beta_0\right)} \tag{2.2}$$

$$h_p = l\sin\beta_0 + d \tag{2.3}$$

于是我们把上述公式（2.1），（2.2）整理后带入公式（2.3）化简处理得公式（2.4）：

$$h_0 = \frac{L_1}{2}\left[\tan\beta_0 + \frac{a}{b}\left(\tan\alpha_0 + \tan\beta_0\right)\right] \tag{2.4}$$

上式中 L_1 为前轮之间的距离，h_p 为上、下控制臂的瞬心 p 距离地面的距离，l 为下控制臂轴线交点 D 点距离瞬心 p 的距离，a 是下控制臂轴线交点 D 距离地面的高度，b 上、下控制臂轴线与转向节轴线上交点 C 和 D 点间的长度，在此被视为虚拟主销的高度。

根据三维模型独立悬架梯形转向的形式以及现有机器人实车的空间布局，综合考虑确定出各个参数分别为 L_1 为 200 mm（经过移动机器人实车和三维模型仿真试验），a 和 b 合乎实际状况。经过以上分析可推得，上、下控制臂在横向水平面上的布局角度相一致。最后将以上参数结合公式整理得出 α_0=β_0=5.142°。

四、移动机器人的传动系统设计

以上对移动机器人的本体设计以及对其转向机构进行优化完成后，由于移动机器人的传动系统和机器人运动学模型对于机器人控制算法设计以及为路径规划算法研究，具有承上启下的关键作用。

（一）移动机器人传动设计

基于市面上现有的四轮轮式机器人的传动系统，主要是每个车轮由单独电机所驱动控制，经所有的驱动电机共同协调才能实现机器人的转向以及直线行驶。然而这样的控传动制系统存在不足：结构复杂、非线性的机械系统、强祸合，对其中任一电机的控制都引起其他的电机的变化，使机器人的启动及行驶控制相对较困难，需要精确的闭环控制；当机器人直线及转向行驶时，需要的功率并不一样，由于为了控制平衡采用了相同的驱动电机，增加成本以及控制算法难度。

综上论，在此采用的传动系统由一个直流无刷电机输出轴到减速器，减速器输出两个轴，前轴与前差速器相连接，后轴与后减速器相连接控制电机转速实现电机直线行驶，转向舵机输出扭矩使得移动机器人转向行驶。这种传动机构结构紧凑设计简单，为路径规划及控制算法提供良好的保障。

直流无刷电机输出扭矩和转速，分别经前传动轴及后传动轴到前、后差速器，最终到传动半轴从而驱动机器人轮子转动，当移动机器人直线行驶时，可实现移动机器人四轮驱动，提供强劲的动力，对不规则路面以及草地等具有一定的越障能力。

（二）驱动电机及转向舵机选型

1. 驱动电机选型

根据以上搭建硬件方案，底层控制板卡主要由控制芯片、电机驱动器，转向舵机驱动器，下位机控制板卡接收由上层发出指令，进行解析然后进行控制芯片产生 PWM 进行控制电调，进而驱动直流无刷电机进行调速，同时由上层由激光雷达和编码器生成的里程计，将信息反馈给控制片进行速度闭环控制，利用 PID 算法速度调节。

根据本文确定的方案，移动机器人具有爬坡及越障能力，机器人平台最高时速控制在 v_{max}=4.0 m/s，总质量不超过 40 kg，驱动半径 r =0.06 m。其中室内外环境状况不同，机器人的阻力有两部分组成：F_1 为移动机器人与地面的摩擦力，F_2 为其加速阻力。

$$F_1 = \mu mg = 16 \times 9.8 \times 0.019\mathrm{N \cdot m} = 2.9792\mathrm{N \cdot m} \tag{2.5}$$

其中，μ 代表摩擦阻力参数，考虑到移动机器人具有一定的越野能力，路面可能具有不规则，此时选取最低阻力参数，μ =0.019。

假设移动机器人在 1 m 的距离内，加速到 v_{max}=4.0 m/s，则

$$a = \frac{{v_{\max}}^2}{2} = 8\mathrm{m/s^2} \tag{2.6}$$

所以，F_2=ma=128 N，则分解到每个轮子上的受力为

$$F = \frac{(F_1 + F_2)}{4} = 32.744\,8 \tag{2.7}$$

驱动轮输出的力矩为 T_1=$F \cdot r$=1.96 N·m，经过减速器及传输差速器等，综合配以 10 ∶ 1 到驱动轮，电机的输出转矩为 T_2=T_1/10=0.196 N·m，当机器人以 v_{max}=4.0 m/s 行驶时，电机所需转速

$$n = \frac{v_{\max}}{2\pi r} \times 10 \times 60 = 6369.42\mathrm{r/min} \tag{2.8}$$

设整个传动系统的传动效率 η =0.75，当移动机器人到达最大速度 v_{max} 时，驱动电机所需的最大功率

$$P_{\max} = \frac{F \cdot v_{\max}}{\eta} = \frac{32.75 \times 4}{0.75} = 174.67\mathrm{W} \tag{2.9}$$

根据移动机器人行驶的路况以及以上参数，在此选用直流有感无刷电机，该款电机性能优越，型号为 ART-M1-k2150。该电机参数如表 2-2 所示。

表 2-2　直流无刷单机参数

型号	功率	kV	最大转速 /（r/min）	工作电压 /V
ART-M1-K2150	2 400	2 150	45 000	7.4~19

电子调速器是电机驱动设备的一种，型号为 HW-1OBL120，具体参数如表 2-3 所示。该电调具有较大的耐电流能力，电压过低、过载保护等，将电调设置为双向不带刹车模式，机器人可以前进和后退，不需要多余的刹车动作，通过上层设计的 PID 控制算法，底层芯片接收控制指令，电调接收芯片发出的 PWM 波，经过其电平转换，进而实现精确控制电机转动。

表 2-3　电子调速器参数

型号	最大电流 /A	额定电流 /A	工作电压 /V
HW-10BL120	760	120	7.4~11.1

2. 舵机选型

考虑到舵机对于移动小车转向、避障以及对于上层路径规划算法的执行，具有关键性作用，舵机的性能要求比较高，故采用型号为 ART-SG995 金属齿轮舵机，性能参数如表 2-4 所示。

表 2-4　舵机性能参数

型号	工作电压 /V	工作频率 /Hz	最大转角 /°	扭力 /（kg/cm）
ART-SG995	DC4.8 ～ 6.0	1 520/330	180	16.5

第二节　智能移动机器人的运动学原理

一、移动机器人运动学模型

现如今，移动机器人越来越多被应用到结构复杂的未知环境中执行各类任务，对移动机器人的运动性能以及灵活性的要求也随之越来越高。轮式移动机器人结构简单，较容易的控制方式，得到广泛的应用。三轮全向移动机器人可以在不改变自身位姿的前提下，具有三个自由度，不仅能够实现纵向行驶，还能实现横向平移，灵活性更高，可以适用于狭小的空间。

与一般的两轮差速驱动的机器人相比，三轮全向移动机器人通过设定三个车轮的不同转速，获得移动机器人的线速度与角速度。机器人结构模型如图 2-6 所示。

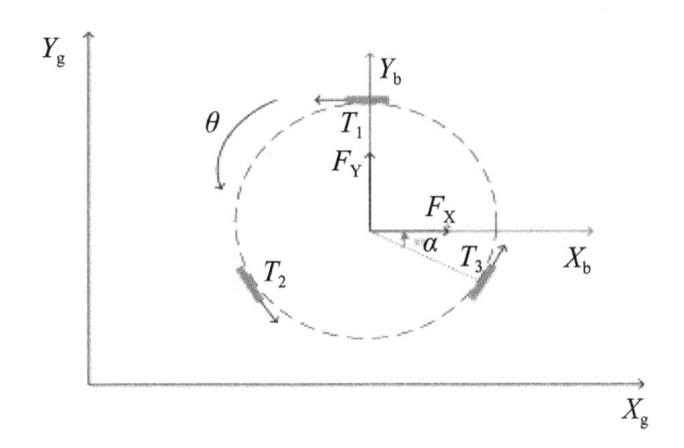

图 2-6 机器人结构模型图

其中 Y_g、X_g 为全局坐标系下的 Y 轴与 X 轴，Y_b、X_b 为机器人载体坐标系下的 Y 轴，X 轴。T_1、T_2、T_3 为三个以直流电机驱动的 Mecanum 轮，两两之间夹角为 12° ，全方位移动机器人旋转正方向为逆时针方向，轮子速度正方向为图 2-6 中箭头指示方向。定义 V_a、V_b、V_c 分别为移动机器人驱动轮 T_1、T_2、T_3 的转速，V_{Yg}、V_{Xg} 为机器人全局坐标系下的 Y 轴，X 轴速度，V_{Yb}、V_{Xb} 为机器人载体坐标系下的 Y 轴，X 轴，且逆时针方向为正方向。设移动机器人重心与质心重合，θ& 速度，机器人旋转角速度为记为点 O，易知 O 点到三个驱动轮的距离相等，记为 L。

二、移动机器人动力学模型

将移动机器人在全局坐标系下的 X 轴，Y 轴位移，与 Y 轴的夹角记为 $\boldsymbol{q}=\begin{bmatrix} X & Y & \theta \end{bmatrix}^{\mathrm{T}}$，记 $\boldsymbol{V}_M=\begin{bmatrix} V_X & V_Y & \dot{\theta} \end{bmatrix}^{\mathrm{T}}$为机器人载体坐标系下 X 轴，Y 轴速度，

旋转角速度。对移动机器人结构模型做受力分析。转动力矩公式如式(2.10)所示。

$$\begin{cases} m\left(\dot{V}_X - V_Y\dot{\theta}\right) = F_X \\ m\left(\dot{V}_Y + V_X\dot{\theta}\right) = F_Y \\ I_V\theta = M_1 \end{cases} \tag{2.10}$$

设移动机器人三个驱动轮所产生的牵引力分别为 T_1、T_2、T_3 与载体坐标系下 X 轴 Y 轴的分力，转动力矩的关系如下。

$$\begin{cases} F_X = -T_1 + \frac{1}{2}T_2 + \frac{1}{2}T_3 \\ F_Y = -\frac{\sqrt{3}}{2}T_2 + \frac{\sqrt{3}}{2}T_3 \\ M_1 = LT_1 + LT_2 + LT_3 \end{cases} \tag{2.11}$$

将公式（2.10）和（2.11）写成矩阵形式：

$$\begin{bmatrix} m & 0 & 0 \\ 0 & m & 0 \\ 0 & 0 & I_v \end{bmatrix} \begin{bmatrix} \dot{V}_X \\ \dot{V}_Y \\ \dot{\theta} \end{bmatrix} + \begin{bmatrix} 0 & -m\dot{\theta} & 0 \\ m\dot{\theta} & 0 & 0 \\ 0 & 0 & 0 \end{bmatrix} \begin{bmatrix} V_X \\ V_Y \\ \theta \end{bmatrix} = \begin{bmatrix} -1 & \frac{1}{2} & \frac{1}{2} \\ 0 & -\frac{\sqrt{3}}{2} & \frac{\sqrt{3}}{2} \\ L & L & L \end{bmatrix} \begin{bmatrix} T_1 \\ T_2 \\ T_3 \end{bmatrix} \tag{2.12}$$

构造直流电机动力学方程：

$$I_0 \dot{\boldsymbol{\omega}} + \left(b_0 + \frac{K_t K_b}{R_a}\right)\boldsymbol{\omega} + \frac{r}{n}T = \frac{K_t}{R_a}\boldsymbol{u} \tag{2.13}$$

$\boldsymbol{u} = [u_1 \quad u_2 \quad u_3]^{\mathrm{T}}$为三个直流电机的输入电压，$\boldsymbol{\omega} = [\omega_1 \quad \omega_2 \quad \omega_3]^{\mathrm{T}}$分别为三个直流电机的初始转速，$K_b$，$K_t$ 分别为电机反电动势常数与电机转矩常数，R_a 为电机电枢电阻，I_0 为电机与全向轮的综合转动惯量。设$\boldsymbol{\varphi} = [\varphi_1 \quad \varphi_2 \quad \varphi_3]^{\mathrm{T}}$为直流电机带动减速齿轮组后的转速。进一步可以得到

$$\begin{aligned} &\boldsymbol{\omega} = n\varphi \\ &\boldsymbol{\varphi} = \frac{1}{r}\boldsymbol{J}_M V_M \\ &\boldsymbol{J}_M \begin{bmatrix} -1 & 0 & L \\ \frac{1}{2} & -\frac{\sqrt{3}}{2} & L \\ \frac{1}{2} & \frac{\sqrt{3}}{2} & L \end{bmatrix} \end{aligned} \tag{2.14}$$

结合式（2.14）可以得到

$$\boldsymbol{T} = \frac{n}{r}\left(\frac{K_t}{R_a}\boldsymbol{u} - \boldsymbol{I}_0 \frac{n}{r}\boldsymbol{J}_M \dot{V}_M - \left(b_0 + \frac{K_t K_b}{R_a}\right)\right)\frac{n}{r}\boldsymbol{J}_M V_M \tag{2.15}$$

将（2-12）带入（2-7）可得

$$\left(M_1+\frac{I_0 n^2}{r^2}B_1\boldsymbol{J}_M\right)\dot{V}_M+\left(C_1+\frac{n^2}{r^2}\left(b_0+\frac{K_t K_b}{R_a}\right)B_1\boldsymbol{J}_M\right)V_M=\frac{K_t n}{rR_a}B_1\boldsymbol{u} \qquad (2.16)$$

第三节　智能移动机器人的驱动系统

一、驱动系统的执行电机

执行元件是运动控制系统中的重要组成部分，根据其在系统中的作用，选择执行元件时一般的考虑原则如下。

（1）在整个工作循环中都能拖动负载按预期的要求运动。

（2）执行元件的性能是运动控制系统动态响应的基本限制因素，所以选择执行元件不但要考虑满足负载拖动的要求，还要考虑它对系统控制性能的影响。

（3）性能密度大，对启、停频率要求低，要求低速平稳及扭矩脉动小，高速运行时振动噪声小。在整个调速范围内运转平稳的机械，要求其功率密度 P/W（P 为执行元件输出功率，W 是它的重量）大；而对启、停频繁，低速平稳性要求不高的机械，则要求有较高的扭矩惯量比 T_N/J_N（T_N 为额定输出扭矩，J_N 为输出轴转动惯量）。

驱动系统中的电动执行元件就是控制电机。控制电机是电动机的一种，它除有一般电动机将电能转变为机械能的基本功能以外，由于其特殊性，还具有下列特点及要求。

（1）可控性。执行电动机是将控制电信号转变为机械运动的元件，可控制性是控制电机应首先具有的功能。

（2）高精度。要精确使机械运动满足系统的要求，必须要求执行元件具有较高精度。

（3）快速性。在有些系统中，控制指令经常变化，有些变化非常迅速，所以要求执行元件应能作出快速响应，控制电动机的快速性也是其基本要求。

智能移动机器人的驱动系统是机器人的最重要的组成部分之一，它要求驱动电机（即控制电机）必须具备高可控性、高精确性和高可靠性，因此，选用了瑞士 Maxon 直流伺服电机作为智能移动机器人“巨人”号的驱动电机。

二、移动机器人“巨人”号驱动系统分析

智能移动机器人“巨人”号的两个主动轮位于移动机器人的直径上，它们分别由两台直流伺服电机驱动。利用速度控制方式控制移动机器人运动时，每台电机与主动轮各自构成速度闭环。在工作载荷内，调节两电机的速度控制电压即可调节两主动轮驱动电机的转速，从而实现移动机器人运动状态的改变。电机转速与电机速度控制电压的关系：

$$n_w = K_u U_{\text{controller}} + C_c \tag{2.17}$$

式中 n_{w}——电机转速；

K_{u}——比例系数；

$U_{\text{controller}}$——电机控制输出电压；

C_{c}——常数。

实验测得两主动轮驱动电机的速度控制特性略有差异，两轮驱动电机具有良好的线性度，因此移动机器人运动时一般采用此种方式。

经线性拟合可以得到左主动轮驱动电机的速度控制电压与电机转速之间的关系：

$$n_{\text{wl}} = K_{\text{ul}} U_{\text{controller}} + C_{\text{cl}} \tag{2.18}$$

式中 n_{wl}——左主动轮电机转速；

K_{ul}——控制电压与左主动轮的比例系数；

$U_{\text{Conroller}}$——左主动轮电机控制通道输出电压；

C_{cl}——左主动轮常数。

右主动轮轮驱动电机的速度控制电压与电机转速之间的关系：

$$n_{\text{wr}} = K_{\text{ur}} U_{\text{controller}} + C_{\text{cr}} \tag{2.19}$$

式中 n_{wr}——右主动轮电机转速；

K_{ur}——控制电压与右主动轮的比例系数；

$U_{\text{controller}}$——右主动轮电机控制通道输出电压；

C_{cr}——右主动轮常数。

第三章　智能移动机器人的控制技术

移动机器人控制技术是促使移动机器人完成各种任务和动作所执行的各种控制手段。本章主要分为经典控制技术、现代控制技术和智能控制技术三大方面的各种有代表性的控制技术。主要内容包括：模拟 PID 控制器的数学模型、数字 PID 控制器的数字模型、机器人变结构控制及应用、机器人自适应控制及应用、智能控制的相关概念、智能控制系统的分类、智能控制在机器人控制中的应用、智能移动机器人控制技术的升级以及智能移动机器人控制技术的发展方向。通过一部分控制应用实例介绍，体现移动机器人控制技术由低级向高级发展的必然性。

第一节　经典控制技术

一、模拟 PID 控制器的数学模型

PID 控制器是目前应用最为广泛的一种控制器，正是由于 PID 的广泛应用是其被称为经典控制技术的原因之一，它是比例、积分、微分并联的一种控制器，PID 控制器的数学模型可以表示为：

$$u(t)K_p\left[e(t)+\frac{1}{T_i}\int e(t)\mathrm{d}t+T_d\frac{\mathrm{d}e(t)}{\mathrm{d}t}\right] \tag{3.1}$$

式中：$u(t)$ 为控制器的输出；$e(t)$ 为偏差信号；K_p 为控制器的比例系数；T_i 为积分系数；T_d 是微分系数。

（一）比例系数 K_p

比例系数 K_p 的作用是加快系统的响应速度，提高系统的调节精度。在控制器中 K_p（比例系数）的数值大小影响其稳定性，当比例系数 K_p 逐渐变大时，系统的响应速度逐渐变快、调节精度也逐渐变高，这时需要注意易产生超调现

象，严重时会导致系统不稳定；当 K_p 逐渐变小时，系统的响应速度逐渐变慢、调节精度逐渐降低，延长调节时间，导致系统动、静态性能变[①]差。

（二）积分系数 T_i

当积分系数 T_i 与比例系数 K_p 共同控制时能够起到提高系统的无差度以及提高系统稳定性能的作用，需要注意共同控制是先决条件。在控制器中，当 T_i（积分系数）越小，系统的静态误差消除越快，过小在响应过程的初期会产生积分饱和现象，从而引起响应过程的较大超调；若 T_i（积分系数）过大，将使系统静态误差难以消除，影响系统的调节精度[②]。

（三）微分系数 T_d

微分系数 T_d 的主要作用是在有效范围内减小控制系统的阻尼比 f，在保证系统相对稳定性情况下，容许采用较大的增益，减小稳态误差。微分作用的不足之处是放大了噪声信号[③]。同积分系数 T_d 一样，T_d 也需要协同 K_p 控制。从改善系统的控制性能角度而言，需要 K_P 与 T_d 同时控制才能达到控制效果，在瞬态过程中，微分系数 T_d 有助于提高系统的响应速度，可知微分控制不能单独与对象串联起来用。

二、数字 PID 控制器的数学模型

在离散控制系统中，PID 控制器采用差分方程表示，其表达式为[④]：

$$u(k)=k_p\left[e(k)+\frac{T}{T_i}\sum_{i=l}^{k}e(k)+T_d\frac{e(k)-e(k-1)}{T}\right] \tag{3.2}$$

式中，$u(k)$为 k 采样周期时的输出；$e(k)$为 k 采样周期时的偏差；T 为采样周期。

在式（3.2）中，令$\Delta e(k)=e(k)-e(k-1)$，则有

$$u(k)=k_p\left[e(k)+\frac{T}{T_i}\sum_{i=l}^{k}e(k)+\frac{T_d}{T}\Delta e(k)\right] \tag{3.3}$$

在式（3.3）中，令$K_i=\dfrac{K_p}{Ti}$，$K_d=K_pT_i$，则有

① 项清华．智能机器人控制技术特点及其在生活中的应用 [J]. 电脑迷 ,2017(04):156.
② 董海鹰．智能控制原理及应用 [M]. 北京：中国铁道出版社，2006.
③ 徐丽娜．数字控制 建模与分析、设计与实现 [M]. 北京：科学出版社，2006.
④ 李新平，吴家礼，李谷．控制技术及应用 [M]. 北京：电子工业出版社，2000.

$$u(k)=k_pe(k)+K_iT\sum_{i=l}^{k}e(k)+\frac{K_d}{T}\Delta e(k) \quad (3.4)$$

为了避免在求取控制量时对偏差求和运算，在实际应用中通常采用增量式数字 PID 控制器，它的意义如下，即

$$u(k-1)=k_p(k-1)+k_iT\sum_{i=l}^{k}e(k-1)+\frac{K_d}{T}\Delta e(k-1) \quad (3.5)$$

又由于

$$\Delta u(k)=u(k)-u(k-1)$$

$$\Delta e(k)=e(k)-e(k-1)$$

所以，用式（3.3）减去式（3.5）得到

$$\Delta u(k)=k_p\left[e(k)-e(k-1)\right]+K_iTe(k)+\frac{T_d}{T}\left[e(k)-2e(k-1)+e(k-2)\right] \quad (3.6)$$

式（3.6）称为增量算式，$\Delta u(k)$表示每一步控制步进位改变的增量。

第二节 现代控制技术

一、机器人变结构控制及应用

（一）机器人变结构控制技术

1. 变结构控制发展

关于变结构控制（VSC）的相关研究最早始于 20 世纪 50 年代，而变结构控制概念的行程是由苏联学者 Utkin 和 S.V.Emelyanov 在 20 世纪 60 年代初期提出的。1997 年，Utkin 在阅读大量文献资料后，撰写了一篇与变结构控制相关的综述性文章，详细地提出了变结构控制 VSC 和滑模控制 SMC 的具体方法[①]。此后，各国学者开始相继研究多维变结构系统和多维滑模变结构控制，由标准规范空间转变为更一般的空间。

众多的学者从工程的角度出发，精确分析和全面评估了滑模变结构控制所产生的抖振现象，并阐述了七种抑制抖动现象的方法，在分析离散系统几种不

① 刘金琨．滑模变结构控制 MATLAB 仿真 [M].2 版．北京：清华大学出版社，2005.

同情况的基础上，巧妙设计了相对应的滑动模态，为后续研究提供了思路。但是在这期间进行的滑模研究，目标主要集中在滑动模态的设计上，而对于到达切换面之前的运动研究则少之又少。

2. 滑模变结构控制

滑模变结构控制，从本质上讲是一类具有特殊性的非线性控制，其非线性表现为控制过程中的不连续性，也就是说它在运动过程中，能够按照系统当前的状态（如偏差及其各阶导数），有计划地不断变化，强迫系统按照预先设定“滑动模态”的状态轨迹运动[①]。

（二）滑模变结构控制在机器人中的应用

机器人控制是滑模变结构控制的主要应用领域，大批学术人员开始投身到滑模变结构控制应用到机器人控制研究中去。Razvan Solea 等人将超螺旋算法与滑模变结构控制相结合为应用到非完整移动机器人控制系统中，在具有参数不确定性和外部干扰的真实移动机器人（pioneer-3DX）主要类库函数上执行计算机模拟和实时实现，仿真结果表明在调节时间和对干扰的鲁棒性方面都有一定改进。在国内，有学者应用机理建模法设计了机器人系统轨迹跟踪滑模控制，结合神经网络补偿器和模糊控制方法，补偿系统中的不确定性干扰，削弱了滑模运动的抖振，通过设计全程滑模面，使系统状态从初始时刻就能够进入滑模面，消除一渐进模态，大大增强了系统的鲁棒性[②]。提出一种基于遗传算法的模糊神经网络的滑模控制器，可用于模型误差和不确定性干扰的多连杆机器人轨迹跟踪控制。其中模糊神经网络用于消除全局滑模控制的抖振，遗传算法用来优化网络的初始参数，通过 Lyapunov 稳定性法来计算最终的控制律。

滑模变结构控制是一种简单实用设计方法，可直接根据李亚普诺夫函数来确定控制函数 T，使系统状态趋于渐近稳定，参照式 (3.7–3.10)，准线性化后机器人动力学模型可表示为：

$$\begin{cases} \Omega = \dot{q} \\ \Omega = -D^{-1}(q)\left[C'(q,\dot{q})\Omega + G'(q)\right] + D^{-1}(q)F \end{cases} \tag{3.7}$$

取滑动曲面为

$$S_i = \dot{e}_i + h_i e_i = (W_i - W_{id}) + h_i(q_i - q_{id}) \tag{3.8}$$

其中，h_i＝常数＞ 0，选取李亚普诺夫函数

① 董文杰，霍伟．受非完整约束移动机器人的跟踪控制 [J]. 自动化学报，2000(01):5-10.
② 曹其新，张蕾．轮式自主移动机器人 [M]. 上海：上海交通大学出版社，2012.

$$V(\Omega,t)=\frac{1}{2}(S^T D(g)s)$$

并由$s_i=0$得到控制力矩 T 为

$$T=T_0+Ksgn(s) \qquad (3.9)$$

对于 2 个关节机器人，关节质量为m_{ij}，连杆长度为了$\bar{C}_{ij}$，关节角度的控制量可写为：

$$k_i=\sum_{j-1}^{2}\left[\bar{m}_{ij}\left(\dot{w}_{jd}-h_j\dot{e}_j\right)+\bar{C}_{ij}(w_j-S_j)\right]+\varepsilon \qquad (3.10)$$

$$(i=1,2)$$

二、机器人自适应控制及应用

（一）自适应控制技术

反馈是自动控制技术的最基本的方法。在干扰情况下，设计反馈控制器使得系统的状态或输出匹配到希望值，即两者的偏差收敛到零。而自适应控制系统比常规反馈控制多了一个自适应回路，其基本原理是通过不断地检测被控系统[①]，然后根据系统的输入、状态、输出或性能参数获取控制系统的过程信息，在线及时自动调整更新控制参数，使系统在集总干扰作用情况下，控制品质依然可以达到最优或次最优。

自适应控制主要的研究对象为时变、非线性、随机等具有不确定性或难以确知的对象[②]。大量工程实践表明，自适应控制有着对数学模型依赖小、验前知识需求少等优势，适用范围广，在具体实践中，自适应控制往往能提高现有生产率、降低生产成本、提高质量。

（二）模型参考自适应控制（MRAC）

模型参考自适应控制是自适应控制方法中用得比较广泛的一种控制方法，相对其他自适应控制显得更为成熟。其主要由三部分组成：参考模型、控制器、自适应控制调节器[③]。在参考模型始终具有期望的闭环性能前提下，使系统在运行过程中，力求保持被控过程的响应特性以及参考模型的动态性能一致[④]。

① 蔡自兴 . 机器人学 [M]. 北京：清华大学出版社，2000.
② 朱玲，李艳东，郭媛 . 移动机器人自适应模糊神经滑模控制 [J]. 微电机 ,2020,53(01):59-64.
③ 尤波，张乐超，李智，丁亮 . 轮式移动机器人的模糊滑模轨迹跟踪控制 [J]. 计算机仿真 ,2019,36(02):307-313.
④ 董景新，吴秋平 . 现代控制理论与方法概论 [M]. 北京：清华大学出版社，2007.

模型参考自适应系统控制框图如图 3-1 所示。

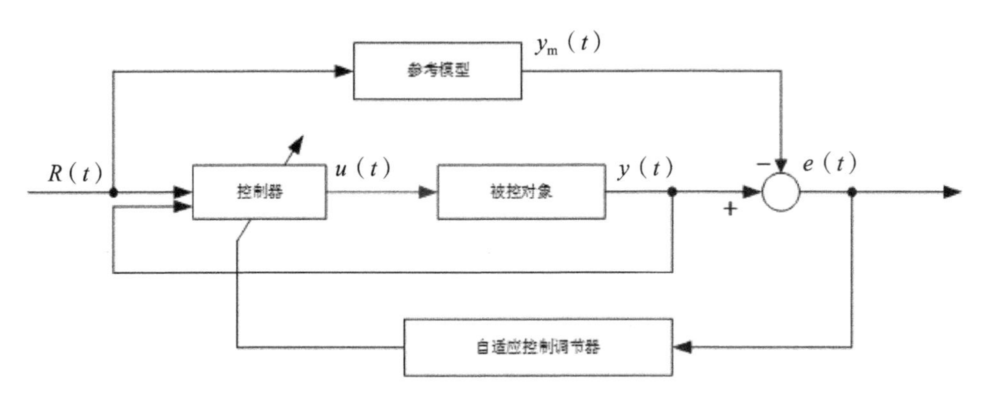

图 3-1 模型参考自适应控制系统框图

其中参考模型的性能指标是期望的理想的输出或状态。在相同的参考输入 $R(t)$作用下，参考模型的输$y_m(t)$表示理想的目标输出，通过跟实际模型的实际输出$y(t)$进行比较，得到广义误差信号 $e(t)=y(t)-y_m(t)$然后自适应控制调节器按照一定的规律改变被控对象的结构和参数或者直接改变被控对象的输入信号，以使得最终的广义误差信号 $e(t)$渐近收敛到零，即系统的实际性能指标达到或接近达到希望的控制性能。

（三）自校正控制系统（ST）

自校正控制系统也是目前应用比较广泛的一种控制方法，因为其实现简单而且经济实惠，主要应用于很多工业对象系统中。应用系统的主要特点是机构部分已知、参数未知而恒定或者缓慢变化，自校正系统控制框图如图 3-2 所示[①]。自校正控制系统由参数估计器主要系统参数估计器、控制参数器和控制器三部分组成。共有两个控制回路，内环回路包含控制对象和常规反馈控制器，外环回路包含系统参数估计和控制器[②]。其中最重要的是系统参数估计器，通过在设计的“窗口”中连续地保持最新数据的输入输出根据一些参数估计递推公式建立即时的模型。参数估计和控制器设计必须在线地实现。

---

① Mohamed Boukens and Abdelkrim Boukabou and Mohammed Chadli. Robust adaptive neural network-based trajectory tracking control approach for nonholonomic electrically driven mobile robots[J]. Robotics and Autonomous Systems, 2017.

② 陈复扬 . 自适应控制与应用 [M]. 北京：国防工业出版社，2009.

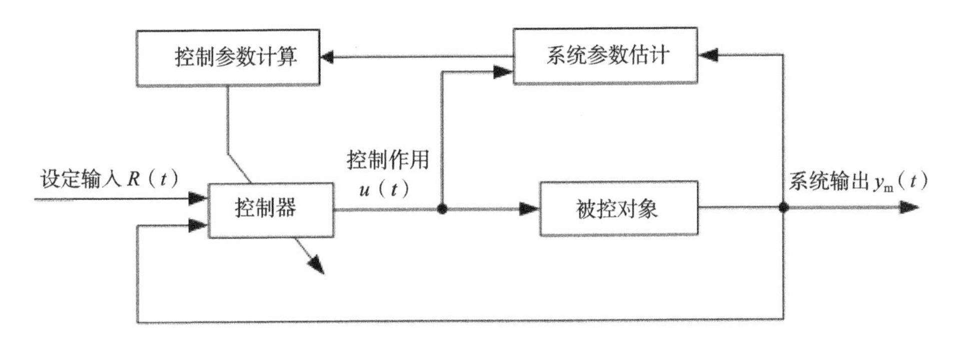

图 3-2　自校正控制系统框图

整体而言，自适应控制系统理论是建立在稳定性理论，最优化理论，随机控制理论以及系统辨识与参数估计的基础之上，它的发展有赖于其他相关学科的发展。目前，自适应控制技术已经广泛进入商品化的控制设备和系统中，如航海自动驾驶方面，电力系统控制，化工冶金工业等非线性、非平稳的复杂过程①。随着计算机技术的发展和自适应控制技术理论的不断完善，自适应技术的应用场景将会越来越广阔。

（四）基于未知扰动的移动机器人自适应滑模轨迹跟踪控制

1. 移动机器人的动力学模型

针对具有外部扰动的移动机器人运动学和动力学模型给出一种轨迹跟踪设计方案。该方案包括设计运动学虚拟控制器、动力学力矩控制器和自适应律②。首先，基于移动机器人运动学模型通过反步法设计虚拟速度控制器。然后，设计动力学力矩控制器和自适应律，在线估计集总扰动，从而保证实际速度与虚拟速度误差的渐近收敛到零。

运动机器人的动力学模型为式：

$$\left\{\begin{matrix} \dot{x}=v\cos\theta \\ y=\dot{v}\sin\theta \\ \dot{\theta}=w \end{matrix}\right\} \tag{3.11}$$

移动机器人位姿跟踪误差为式：

$$q_e\begin{bmatrix} x_e \\ y_e \\ \theta_e \end{bmatrix}=\begin{bmatrix} \cos\theta & \sin\theta & 0 \\ -\sin\theta & \cos\theta & 0 \\ 0 & 0 & 1 \end{bmatrix}\begin{bmatrix} x_r-x \\ y_r-y \\ \theta_r-\theta \end{bmatrix} \tag{3.12}$$

① 宋立业，邢飞．移动机器人自适应神经滑模轨迹跟踪控制 [J]. 控制工程，2018,25(11):1965-1970.
② 闫茂德，贺昱曜，武奇生．非完整移动机器人的自适应全局轨迹跟踪控制 [J]. 机械科学与技术，2007,{4}(01):57-60.

位姿误差微分方程为式：

$$\begin{bmatrix} \dot{x}_e \\ \dot{y}_e \\ \dot{\theta}_e \end{bmatrix} = \begin{bmatrix} wy_e - v + v_r\cos\theta_e \\ -wx_e + v_r\sin\theta_e \\ w_r - w \end{bmatrix} \tag{3.13}$$

轨迹跟踪控制器的设计目标就是设计合理的控制器使得位姿跟踪误差x_e、y_e、θ_e趋于零，即式

$$\lim_{n\to\infty}\left[|x_e| + |y_e| + |\theta_e|\right] = 0 \tag{3.14}$$

2. 自适应滑模轨迹跟踪控制方案

基于未知集总扰动的自适应滑模轨迹跟踪控制方案如图 3-3 所示。轮式移动机器人的实际位姿与期望位姿构成位姿误差作为运动学控制器的输入，通过反步法设计虚拟速度控制器，该控制器的虚拟速度与机器人的实际速度构成另一个速度误差作为移动机器人动力学控制器的输入，结合滑模控制和自适应率设计动力学控制器使得实际速度与虚拟速度的误差渐近收敛到零[1]。

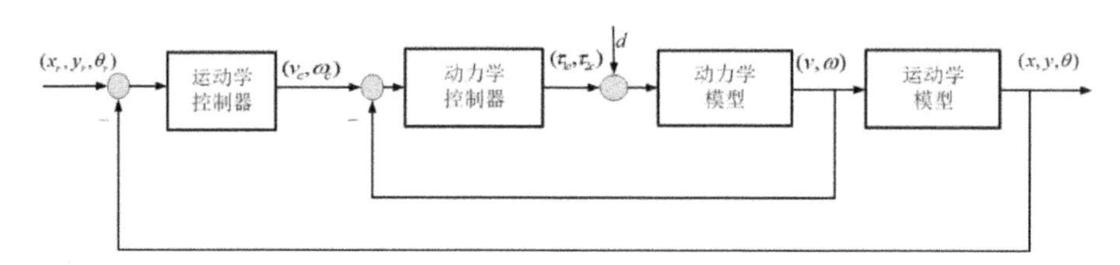

图 3-3　轮式移动机器人自适应轨迹跟踪控制框图

移动机器人在实际环境中运动时，由于速度的执行机构存在很多不确定性，很难实现完美的速度跟踪控制[2]。因此仅仅考虑运动学模型是不够的，还需要考虑其动力学模型。

在加入一阶低通滤波器后定义移动机器人速度跟踪误差为式：

$$\begin{cases} z_1 = v - V \\ z_2 = w - W \end{cases} \tag{3.15}$$

移动机器人动力学转矩自适应控制器设计如式：

① 肖本贤，张松灿，刘海霞，赵明阳，王群京．基于动力学系统的非完整移动机器人的跟踪控制 [J]. 系统仿真学报 ,2006(05):1263-1266.

② 张鑫，刘凤娟，闫茂德．基于动力学模型的轮式移动机器人自适应滑模轨迹跟踪控制 [J]. 机械科学与技术 ,2012,31(01):107-112.

$$\begin{cases} T_1 + T_2 = rm(-k_1 z_1 - \hat{d}_1^* \operatorname{sgn}(z_1 + \dot{V})) \\ T_1 - T_2 = \dfrac{rI}{b}(-k_2 z_2 - \hat{d}_2^* \operatorname{sgn}(z_2 + \dot{w})) \end{cases} \tag{3.16}$$

其中，$k_1 > 0$，$k_2 > 0$。

$\widehat{d_1^*}$、$\widehat{d_2^*}$分别表示未知扰动界值d_1^*、d_2^*的估计值，其自适应律设计如式：

$$\begin{cases} \dot{\hat{d}}_1^* = p_1(|z_1| - \sigma_1\left(\dot{\hat{d}}_1^* - d_1^0\right)) \\ \dot{\hat{d}}_2^* = p_1(|z_2| - \sigma_2\left(\dot{\hat{d}}_2^* - d_2^0\right)) \end{cases} \tag{3.17}$$

其中，p_1，p_2，σ_1，σ_2是很小的正常数，d_1^0与d_2^0是$\dot{\hat{d}}_1^*$与$\dot{\hat{d}}_2^*$的先验估计。
证明，定义自适应估计偏差为：

$$\begin{cases} \tilde{d}_1^* = d_1^* - \hat{d}_1^* \\ \tilde{d}_2^* = d_2^* - \hat{d}_2^* \end{cases} \tag{3.18}$$

选取李亚普诺夫函数：

$$V_3 = \frac{1}{2}z_1^2 + \frac{1}{2}z_2^2 + \frac{1}{2}y_1^2 + \frac{1}{2}y_2^2 + \frac{1}{2_{\rho 1}}\tilde{d}_1^{*2} + \frac{1}{2_{\rho 2}}\tilde{d}_2^{*2} \tag{3.19}$$

两边求导可得

$$\dot{V}_3 = z_1\dot{z}_1 + z_2\dot{z}_2 + y_1\dot{y}_1 + y_2\dot{y}_2 - \frac{1}{2_{\rho 1}}\tilde{d}_1^*\dot{\hat{d}}_1^* + \frac{1}{2_{\rho 2}}\tilde{d}_2^*\dot{\hat{d}}_2^* \tag{3.20}$$

根据前文的公式，代入式（3.20），可得式：

$$\dot{V}_3 = z_1\left(\frac{1}{rm}(\tau_1 + \tau_2) - d_1 - \dot{V}\right) + z_2\left(\frac{1}{rI}(\tau_1 - \tau_2) - d_2 - \dot{w}\right) + y_1\left(\frac{u_c - V}{T_1}\right) - \dot{u}_c$$

$$+ y_2\left(\frac{w_c - w}{T_2} - \dot{w}_c\right) - \frac{1}{\rho_1}\tilde{d}_1^*\dot{\hat{d}}_1^* - d_2 z_2$$

$$= -k_1 z_1^2 - k_2 z_2^2 - \hat{d}_1^*|z_1| - d_1 z_1 - \hat{d}_2^*|z_2| - d_2 z_2 + y_1\left(\frac{-y_1}{T_1} - \dot{u}_c\right)$$

$$
\begin{aligned}
&+y_2\left(\frac{-y_2}{T_2}-\dot{w}_c\right)-\frac{1}{\rho_1}\tilde{d}_1^*\dot{\hat{d}}_1^*-\frac{1}{\rho_2}\tilde{d}_2^*\dot{\hat{d}}_2^* \\
&\leqslant -k_1z_1^2-k_2z_2^2-\hat{d}_1^*|z_1|+\hat{d}_1^*|z_1|-\hat{d}_2^*|z_2|+\hat{d}_2^*|z_2|-\frac{y_1^2}{T_1}-\frac{y_2^2}{T_2}+|y_1| \\
&\bullet|\dot{u}_c|+|y_2|\bullet|\dot{w}_c|-\frac{1}{\rho_1}\tilde{d}_1^*\dot{\hat{d}}_1^*-\frac{1}{\rho_2}\tilde{d}_2^*\dot{\hat{d}}_2^* \quad (3.21)
\end{aligned}
$$

第三节　智能控制技术

机器人智能控制技术主要包括如模糊控制系统、专家控制系统、递接控制系统、迭代学习控制、神经控制系统、模糊神经网络控制系统等。本节先阐述智能控制的相关概念、特点及发展，接着讨论智能控制系统的分类，然后从应用、技术升级、发展方向延伸探讨。

一、智能控制的特点及发展

（一）智能控制系统的特点

1. 综合性与交叉性

智能控制是一门边缘交叉学科，具有很强的综合性能力和多学科交叉特性[①]。其研究领域渗透到其他各个新型领域，其发展需要其他相关学科的配合与支撑，同时也能够推动其他相关学科的发展。

2. 模糊、不确定性与非完全、复杂性

智能控制的受控对象是具有模糊性、不确定性和非完全性、高度复杂性（多输入多输出、强耦合、严重非线性、迟滞延时等）的系统，在设计智能控制系统时[②]，通过结合广义非数学模型和数学模型，获得拟人的智能控制方式。

3. 结构分层递阶性

智能控制系统的结构是分层递阶的。其关键层为高组织级控制层，通过对实际环境或控制对象进行规划、组织和决策，来实现拟人的思维特征。

目前，在智能控制的研究方面取得了一些可喜的成果。然而作为一门新型

① 诸静. 模糊控制原理与应用 [M]. 北京：机械工业出版社，1995.
② 马莉. 智能控制与 Lon 网络开发技术 [M]. 北京：北京航空航天大学出版社，2003.

科学，不管是在理论上还是实践中都需要不断完善和发展[①]。智能控制的发展可以在以下几个方面进一步加强：第一，不断加强理论研究，争取有所突破，特别是智能控制的鲁棒性、稳定性、跟踪性和可控性等问题；第二，探索不同智能控制方法相互间的耦合；第三，加大技术创新，加快研究开发智能控制软件与硬件；第四，加强实际应用，如应用于模式识别以及机器人控制系统等，使其在实践中得到发展和提高。

（二）智能控制的发展

传统的控制理论很长一段时间都是以古典的控制理论和现代控制理论为主导。随着科技的进步，出现了复杂的、高度非线性的、不确定的研究对象，如复杂机器人系统，其控制问题难以用传统的控制方法解决。因此，广泛研究新[②]的概念、原理和方法才能顺应社会高速发展的需求。正是在这种背景下，智能控制孕育而生的。

20世纪50年代，产生了人工智能的概念，其基本思想是通过机器模仿和实现人类智慧，完成人类脑力劳动自动化。它是由多种学科（如数学、计算机科学、信息论、控制论以及神经生理学）相互渗透的结果[③]。智能控制正是由人工智能和控制相结合而诞生的一种控制方法。1965年，傅京孙（K.S.Fu）教授首次提出了基于符号操作和逻辑推理的启发式规则并成功应用于学习控制系统。1967年，Leondes和Mendel首次使用了“智能控制”这一名词[④]。1971年，作为一门学科，智能控制这一概念由傅京逊首次提出，并且他归纳了智能控制系统可分为下面三种类型：

第一类：人为控制系统，具有很强的自学习、自组织、自适应性的能力；

第二类：人机交互控制系统。人主要参与任务分配与决策，机器快速完成的常规任；

第三类：智能控制系统。具备多层感知，在无人参与情况下能够实现自主控制的系统。

随着人工智能、信息论、控制论和系统论的不断发展，研究人员对智能控制持续开展了高层次研究。20世纪90年代至今，智能控制进入了新的发展时期，不仅在实践方面取得了重大突破，而且朝着多元化的方向高速发展。随着智能控制在工程领域里的广泛而成功的应用，它已经成为控制理论和工程技术领域

① 许力．智能控制与智能系统[M]．北京：机械工业出版社，2007.
② 裴曙光．智能移动机器人控制技术的改造升级[J]．电子技术与软件工程，2020(02):92-93.
③ 陈文静．基于智能控制的PID控制方式的研究[J]．电子测试，2020(05):117-118.
④ 王从庆．智能控制简明教程[M]．北京：人民邮电出版社，2015.

中最具应用性和最富于魅力的分支之一，受到了工程技术人员的广泛关注。

二、智能控制系统的分类

智能控制系统大致分为模糊控制系统、专家控制系统、递阶控制系统、迭代学习控制系统、模糊神经网络控制系统，等等。在实际应用中，这几类控制系统往往是集合形成的智能控制系统或装置。

（一）模糊控制系统

在机器人的设计过程中，模糊控制技术是智能控制的典型，模糊控制技术，顾名思义就是通过输入模糊的模块，来转化机器人运行中所产生的数据。这一运行方式包含的主要核心技术便是输入量模糊化技术。为了使机器人的功能更加完善，在设计过程中，科研人员还要将储存中心、信息数据、识别系统以及信息的转化传输系统进行整合，以此来实现控制技术的智能化[①]。这一控制过程便涉及模糊控制技术[②]。系统在工作过程中的原理，就是将数据进行转化，运用模糊控制技术系统中已有的数据，进行数据信息的识别和对照，再将提取出来的信息传输到清晰化的模块中，完成命令的执行，进而实现机器人的智能控制。

（二）专家控制系统

在机器人领域内，专家控制技术是有别于模糊控制技术的另一种典型技术。若在机器人控制系统的设置中融入传统控制技术与专家控制技术，机器人的系统功能与完成质量将会实现大幅度的提升。所以，专家控制技术对机器人进行控制时，有更加高的要求，需要将专家系统中的知识和规则体系作为控制机器人系统的基础，并通过对专家系统中的数据识别信息和储存中心的整合，对数据进行转化和传递，达到进一步升级机器人控制系统功能的目的。并加以专业的数值算法，使机器人的专家控制技术在实际的应用中能够产生更大的优势，主要表现在可以对机器人进行合理的监控，确保机器人在运行过程中的稳定性，并保证命令的实施与完成。

---

① 倪建军，史朋飞，罗成名．人工智能与机器人 [M]. 北京：科学出版社，2019.
② 初红霞，李学良，谢忠玉，等．模糊自适应 PID 控制的机器人运动控制研究 [J]. 现代计算机（专业版）,2016(06):11-14.

（三）递阶控制系统

1. 递阶控制原理

把一个总体问题 P 分解成若干个有限数量的子问题 P_i（$i=1,2,\cdots,n$）。P 的目标是使复杂系统的总体准则取得最优值[41]。

若不考虑子系统之间的关联时，有

$$[P_1, P_2, \cdots, P_n] \text{ 的解} \rightarrow P \text{ 的解}$$

通过上述可知，当各子系统（问题）之间存在事实关联（也称耦合或冲突）时，可以通过引入协调参数 λ（或干预向量）来解决事实冲突。

$$[P_1(\lambda), P_2(\lambda), \cdots, P_n(\lambda),]_{\lambda \rightarrow \lambda^*} \text{的解} \rightarrow P \text{ 的解}$$

2. 递阶控制常用形式

常用的描述系统的递阶方式有三种，即多级描述、多重描述和多层描述。需要特别说明的是各种形式是可以单独或者组合形成一个系统的。

（1）多重描述。

多重描述是指对系统以不同的角度出发，以不同的抽象程度来描述系统，这样就形成了系统的不同层次①。每个层次有不同的描述系统的方法、符合的规律等等。多重描述在具体应用可以从三个层次来研究，如图 3-4 所示。

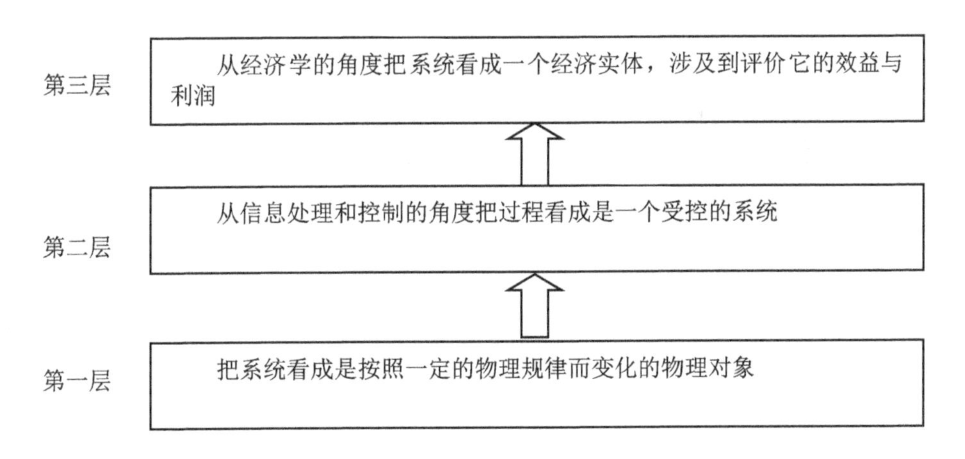

图 3-4　多重描述的不同层次

这种多重描述有以下特点：①观察者的知识、对系统研究的兴趣点决定了系统的层次选择；②不同层次描述的系统的术语、概念不同，遵循各自的规律；

① 易继锴，侯媛彬．智能控制技术 [M]. 北京：北京工业大学出版社，1999.

③要求上一层次要对下一层次的工作提出限制和指标，保证各层次的良好特性；④递阶结构的越下层越反应系统的具体内容，越上层越反应系统的意义。

（2）多层描述。

多层描述按系统决策的复杂性进行分级。如一个受不确定因素影响的控制系统中，控制功能如图 3-5（a）、（b）所示。

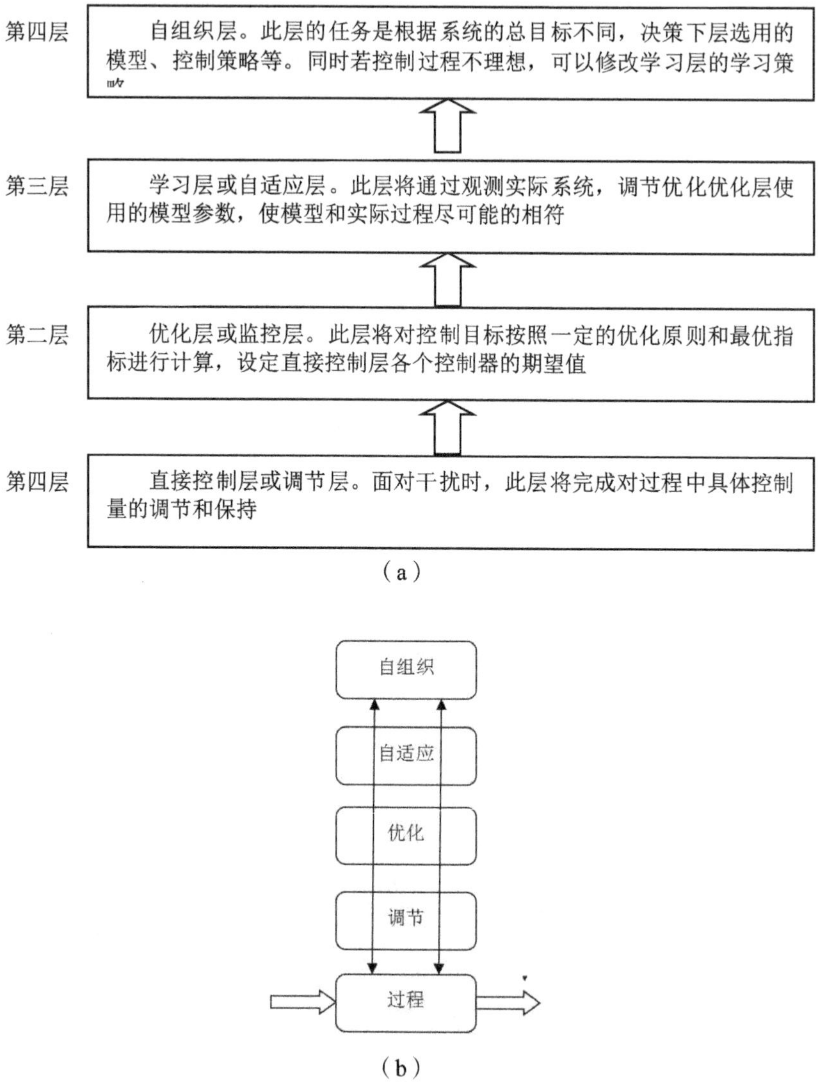

第四层　自组织层。此层的任务是根据系统的总目标不同，决策下层选用的模型、控制策略等。同时若控制过程不理想，可以修改学习层的学习策略

第三层　学习层或自适应层。此层将通过观测实际系统，调节优化优化层使用的模型参数，使模型和实际过程尽可能的相符

第二层　优化层或监控层。此层将对控制目标按照一定的优化原则和最优指标进行计算，设定直接控制层各个控制器的期望值

第四层　直接控制层或调节层。面对干扰时，此层将完成对过程中具体控制量的调节和保持

（a）

自组织

自适应

优化

调节

过程

（b）

图 3-5　按功能划分的四层递阶结构

（3）多级描述

同上述多层描述类似，多级描述可以理解为在多层次的递阶结构中，一个整个系统划分为多个相互独立且存在一定关联性的子系统，系统内的多个子系统分层递阶的排列，这就是多级描述。上级单元决策影响下级单元决策，同级决策单元矛盾依靠上层单元协调。其主要的结构形式如图 3-6 所示。

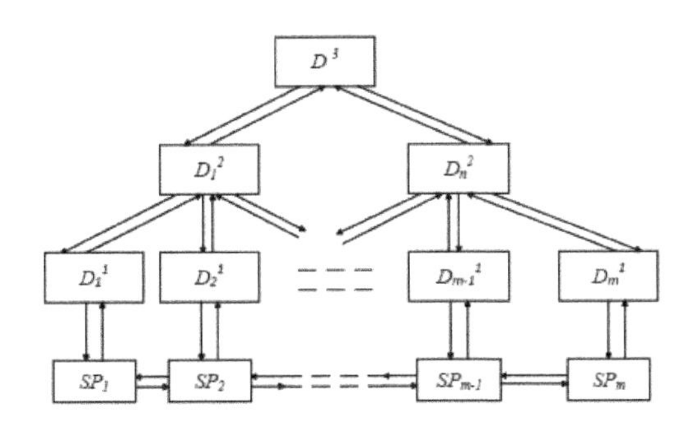

图 3-6　多级多目标的金字塔结构

（四）迭代学习控制系统

迭代学习控制概念提出于 1978 年，其英文表述为 Iterative Learing Control，其中 Iterative 是指迭代、Learing 是指学习、Control 是指控制，可以简称为 ILC。其具有严格数学描述的一个分支，它的特性是以极为简单的学习方法[①]。具体可以从以下几个方面进行描述。

1. 可重复的被控系统

$$\begin{cases}\dot{x}(t)=f\left(x(t),u(t),t\right)\\ y(t)=g\left(x(t),u(t),t\right)\end{cases} \tag{3.22}$$

其中，$x(t)\in R^n, y(t)\in R^m, u(t)\in R^\gamma$分别是系统的状态、输出和控制输入，$f$和$g$分别为适当维数的向量函数。

在此，做一个假设，假设在每一次运行过程中，都将系统（3.22）中f和g所代表的函数关系保持不变，这时，则可称系统具有重复性。记k为系统重复运行的次数，即迭代次数，$k=0,1,2\cdots$，$x_k(t)$、$y_k(t)$、$u_k(t)$分别为第k次重复运行时系统的状态、输出和控制输入，则按照上述标记，可重复运行的连续时间被控系统可表示为

① 管海娃．机器人系统有限时间自适应迭代学习控制 [J]. 计算机工程与应用 ,2020,56(14):231-239.

$$\begin{cases}\dot{x}_k(t)=f\left(x_k(t),u_k(t),t\right)\\ y_k(t)=g\left(x_k(t),u_k(t),t\right)\end{cases} \tag{3.23}$$

相应地，对于在离散时间区间上运行的被控系统表示如下：

$$\begin{cases}x(t+1)=f\left(x(t),u(t),t\right)\\ \quad y(t)=g\left(x(t),u(t),t\right)\end{cases} \tag{3.24}$$

若该系统可在有限离散时间区间$t\in[0,1,2,\cdots,T]$上重复运行，则对应的可重复运行的离散时间系统表示为

$$\begin{cases}x_k(t+1)=f\left(x_k(t),u_k(t),t\right)\\ \quad y_k(t)=g\left(x_k(t),u_k(t),t\right)\end{cases} \tag{3.25}$$

2. 控制目标

迭代学习控制的控制目标是实现对期望轨迹的完全跟踪。在常规的迭代学习控制问题的研究中，一般要求被控系统满足下列条件：

（1）系统具有可重复运行特质，即每次运行过程中系统的状态空间表达式保持不变；

（2）系统每次运行的时间区间都是固定的某一有限时间区间，如：$t\in[0,\ T]$；

（3）系统每次运行的初始条件是可重复的，即初值$x_k(0)$相同且可重复；

（4）系统的期望轨迹是提前指定的；

（5）系统输出信号$y_k(t)$是可观测的；

（6）存在唯一的期望控制输入$u_k(t)$，使系统的状态和输出可以达到相应的期望状态$x(t)$和期望输出$y_d(t)$，即系统是可达的。

基于上述条件，系统的控制目标一般可以描述为：通过设计合适的迭代学习律，当迭代次数$k\to\infty$时，使在有限时间区间$t\in[0,\ T]$上重复运行的系统的实际输出最终能够趋近于理想输出$y_d(t)$。

3. 初始定位

迭代学习控制的初始定位点即初始状态$x_k(0)$，是指$t=0$时刻设置的系统的初始定位条件，也是每次迭代开始前为保证系统的收敛性所设定的限定条件，如$x_k(0)=x_d(0)$，$k=0,1,2,\cdots$。因为系统每一次迭代都是从初始定位点开始，所以每一次迭代开始前都需要依据初始条件进行复位设置。

4. 迭代学习律

学习控制中最核心的一步就是学习律的设计。迭代学习律的本质是一种数学规则， 其作用是根据系统的当前控制信号$u_k(t)$和输出误差$e_k(t)$来产生下一次迭代时的控制信号$u_{k+1}(t)$。定义第k次系统的实际输出和期望输出之间的误差为

$$e_k(t)=y_d(t)-y_k(t),K=0,1,2,\cdots$$

那么，迭代学习律的基本形式可以表示为式：

$$u_{k+1}(t)=u_k(t)+U(e_k(t),t) \quad (3.26)$$

其中，U为线性或非线性算子，代表着过去的迭代学习过程中的修正信息的累积。可见，这是一种需要不断地重复迭代最后达到跟踪目标的一种控制方法。

学习律的常见形式一般有

P 型学习律：$u_{k+1}(t)=u_k(t)+L_{ek}(t)$

D 型学习律：$u_{k+1}(t)=u_k(t)+L_{\dot{e}k}(t)$

以及组合而成的 PD 型、PI 型以及 PID 型学习律，可统称为 PID 型学习律，并能够一般化表示为

$$u_{k+1}(t)=u_k(t)+\boldsymbol{L}_{\dot{e}k}(t)+\boldsymbol{\Gamma}_{ek}(t)+\boldsymbol{\Psi}\int_0^t e_k(\tau)\mathrm{d}\tau \quad (3.27)$$

式中：$\boldsymbol{L}$、$\boldsymbol{\Gamma}$、$\boldsymbol{\Psi}$ 均为定常增益矩阵。

5. 停止条件

迭代学习控制系统在每一次重复迭代操作结束时，都需要检查系统的停止条件。若停止条件满足，则系统将停止运行。常见的停止条件为式：

$$\| y_d(t)-y_k(t)\|<\varepsilon \ t\epsilon[0,T] \quad (3.28)$$

其中，ϵ为每次迭代运行时所允许的最大跟踪精度。

6. 干扰环境

迭代学习控制的研究初期是在系统的运行环境是理想无干扰的假设情况下进行的。但实际情况下，迭代学习控制系统的运行过程中往往会存在着各种干扰。外部干扰一般分为状态干扰和输出干扰。在干扰环境中重复运行的控制系统可以表示为

$$\begin{cases} \dot{x}_k(t) = f\left(x_k(t), u_k(t), w_k(t), t\right) \\ y_k(t) = g\left(x_k(t), u_k(t), v_k(t), t\right) \end{cases} \tag{3.29}$$

其中，$w_k(t)$为第 k 次迭代时的状态干扰，$v_k(t)$为第k次迭代时的输出干扰。它们可能是确定的，也可能是随机的。此外，控制过程中也可能存在着一些内部干扰，如初态偏移、输入扰动和期望轨迹变动等。

一般地，迭代学习控制算法的工作流程如表 3-1 所示。

表 3-1　迭代学习控制算法工作流程

1	令$k=0$，设定系统的初始状态值$x_0(0)$和初始控制输入$u_0(t)$，并给定期望轨迹$y_d(t)(t\in[0,T])$
2	对系统施加控制输入$u_k(t)$并开始重复迭代操作，同时存储运行结束时系统的输出$y_k(t)$
3	一次迭代过程结束后，计算出系统的输出误差$e_k(t)$，同时根据学习律计算出下一次迭代的控制输入信号$u_{k+1}(t)$
4	检查系统的停止条件，如若满足，则停止运行，若不满足，则令$k=k+1$，转入第二步继续运行

（五）模糊神经网络控制

1. 模糊神经网络研究现状

模糊神经网络是将模糊逻辑和神经网络这两种计算方法相结合，取长补短，形成的一种网络。神经网络具有很强的学习能力、容错能力、非线性映射能力和并行处理能力，而模糊逻辑具备能够处理不确定性的能力[①]。因此，模糊神经网络是具备了神经网络和模糊逻辑两者的优点，可以将模糊逻辑与神经网络各自优势得到充分发挥，又能弥补各自的不足。

模糊神经网络的发展经历了一个漫长的过程。1988 年，美国航空航天局主持了“神经网络与模糊系统”的国际研讨会[②]。1990 年，Takagi 写了一篇关于模糊逻辑与神经网络的综述。1992 年，Kosko 出版了《Neural Network and Fuzzy Systems》，这是该域的第一本专著，书中提出了模糊联想记忆、认知图等重要概念。Anderson（神经网络技术泰斗）和 Zadeh（模糊理论创始者）分别为该书作序，在学术界引起很大反响。1993 年，Jane 提出基于网络结构的

① 许洋洋，王莹，薛东彬．采用改进模糊神经网络 PID 控制的移动机器人运动误差研究 [J]. 中国工程机械学报，2019,17(06):510-514.

② 楼巍，陈磊，严利民．基于模糊辨识的移动机器人轨迹控制算法的研究 [J]. 仪表技术，2013(01):18-20+24.

模糊推理，并设计了模糊神经网络的结构雏形。1994 年，国内第一本模糊神经网络领域专著《模糊神经网络》出版了，由李晓忠、汪培庄、罗承忠三人编著。此外，国际许多著名杂志都出版了模糊神经网络方面的专辑，如《IEEE Transactions on Neural Networks》（1992）、《Fuzzy Sets and Systems》（1996，1997）近年来，越来越多的科技工作者积极开展了关于模糊神经网络的研究。迄今为止，糊神经网络是智能控制的主要研究内容之一，受到学者们的广泛关注。

模糊神经网络之所以成为研究热点，主要是因其包含了神经网络和模糊逻辑的优点。它既是一个全局逼近器，又是一个模式存储器，即具有很强的自适应能力和自学习能力，且神经网络中的结点权值与结构均具有相应的物理意义①。

在机器人控制系统的性能分析中，模糊神经网络也发挥了不可或缺的作用。对于复杂环境下的移动机器人系统而言，建立准确的数学模型相当困难。传统的分析方法有两种：一是将复杂的机器人控制系统近似成一个线性模型，显然对于复杂非线性机器人系统而言误差较大；二是根据具体的机器人控制系统，选择与之相近的非线性数

学模型来研究，这明显具有很大的局限性。而本质上模糊神经网络就是一种非线性模型，能够方便地展示非线性系统的动态特性，又具有万能逼近器的作用，可以任意精度的逼近非线性系统。因此，用模糊神经网络来分析具有扰动和外界干扰的复杂机器人控制系统的建模、控制与辨识，成为当前智能控制领域的一个研究热点。

2. 模糊神经网络控制模式

（1）时滞神经网络模型。

考虑如下的时滞神经网络：

$$\dot{x}(t)=-D_x+(A+\Delta A)g(x(t))+(B+\Delta B)g(x(t-T))+J \tag{3.30}$$

其中$x(t)=(x_1(t)),\cdots,x_n(t)^{\mathrm{T}}$为状态向量；$D=\operatorname{diag}\{d_1,\cdots,d_n\}$是实值对角矩阵，$\tau$为常时滞；$g(x(t))=g_1(x_1(t)),g_2(x_2(t)),\cdots,g_n(x_n(t))^{\mathrm{T}}$代表神经激励函数，$\boldsymbol{J}$为外部输出向量。$A=(\boldsymbol{a}_{ij})_{n\times n}$和$B=(\boldsymbol{b}_{ij})_{n\times n}$分别为连接权值矩阵和时滞连接权值矩阵②。

矩阵$\Delta\boldsymbol{A}$和$\Delta\boldsymbol{B}$分别表示矩阵 A 和 B 的参数不确定性，且满足下列条件：

① 邰克政．基于神经网络实现模糊控制的方法 [J]. 北方工业大学学报，1997,{4}(03):1-7.

② 谢文录，谢维信．一种模糊控制系统的神经网络方法 [J]. 西安电子科技大学学报，1996(01):8-14.

$$[\Delta A,\ \Delta B]=MF(t)[E_1,E_2]$$

其中$\boldsymbol{E}_1$，$\boldsymbol{E}_2$，M 为适当维的常数矩阵，$\boldsymbol{F}(t)$表示未知的时变矩阵且满足下列 Lebegue 测度有界

$$F^{\mathrm{T}}(t)F(t)\leqslant I$$

其中，$\boldsymbol{I}$为单位常数矩阵。

（2）模糊神经网络。

若系统的第$i(i=1,2\cdots,n)$条模糊规则为如下形式：

如果$\theta_1(t)$是M_{i1}和⋯和$\theta_1(t)$是M_{ir}，则

$$\dot{y}(t)=-D_{iy}(t)+(A_i+\Delta A_i)g(y(t))+(B_i+\Delta B_i)g(y(t-T))+J+C_iu(t) \quad (3.31)$$

其中$\theta_1(t)$，$i(i=1,2\cdots,n)$表示已知变量，代表模糊集，m为模糊规则的数量。$u(t)\in\mathbb{R}^p$是输入，矩阵$D_i=\operatorname{diag}\{d_{i1},\cdots,d_{in}\}$为正定对角矩阵，$A_i,B_i\in\mathbb{R}^{n\times n}$，$C_i\in\mathbb{R}^{n\times p}$是已知常数矩阵。矩阵$\Delta A_i,\Delta B_i$为参数不确定性且满足下列条件：

$$[\Delta A_i,\Delta B_i]=M_iF(t)[E_{1i},\ E_{2i}] \quad (3.32)$$

式中：$\boldsymbol{E}_{1i},\boldsymbol{E}_{2i},\boldsymbol{M}_i$为适当维的已知常数矩阵。

高斯型模糊逻辑系统是由乘积推理规则、单值模糊产生器、高斯型隶属函数、中心平均反模糊化器构成的模糊逻辑系统[①]。由此，高斯型时滞 T-S 模糊系统的输出为

$$y(t)=\sum_{i=1}^{m}\eta(\theta(t))\cdot\varphi_i(t),t\epsilon[-\tau,0] \quad (3.33)$$

其中

$$\eta_i(\theta(t))=\frac{w_i(\theta(t))}{\sum_{i=1}^{m}\eta(\theta(t))},w_i(\theta(t))=\prod_{l=1}^{r}M_{il}(\theta(t))(3.34) \quad (3.34)$$

式中：$M_{il}(\theta(t))$为第i条规则中状态$\theta_l(t)$对模糊集M_{il}的隶属度，且满足以下条件：

$$w_i(\theta(t))\geqslant 0,\sum_{i=1}^{m}\eta_i(\theta(t))=1 \quad (3.35)$$

① 毛晨斐，毛昱欢，张艳丽．基于神经网络的点模糊控制方法研究 [J]. 农家参谋 ,2019(21):158.

为了实现对时滞T-S模糊神经网络的滑模控制[1]，设计了如下的状态观测器

$$\dot{\hat{y}}(t)=-D_i+(A_i+\Delta A_i)g(\hat{y}(t))+(B_i+\Delta B_i)g(\hat{y}(t-\tau)+J) \tag{3.36}$$

其中$\hat{y}(t)=(\hat{y}(t),\cdots,\hat{y}_n(t))^{\mathrm{T}}$为状态输出观测向量。观测器相应的模糊逻辑系统可表示为

$$\hat{y}(t)=\sum_{i=1}^{m}w\eta_i(\theta(t))\cdot\varphi_i(t),t\epsilon[-\tau,0] \tag{3.37}$$

二、智能控制在机器人控制中的应用

以智能控制技术在机器人领域的应用为主题，分析运动轨迹控制、高精度与高速度控制、轨迹跟踪迭代学习控制等智能控制技术在机器人领域的应用实例。

（一）运动轨迹控制

在如今现存的机器人类型中，大部分机器人的运动均是通过轮腿式运行模式。换言之，就是主要以机器人的腿部结构来连接滚轮。在这一过程中应用人工智能控制技术，可以达到对机器人的完美控制，但此类机器人的研发仍有一定难度。机器人的运动并非通过滚轮滚动带动机器人向前或向后，而是像人类一样利用下肢行走。所以，在设计机器人行走轨迹的过程中，科研人员需要通过对滚轮的调整，针对机器人的行走角度与行动轨迹进行设计，这其中包括行走的自由度以及肢体的协调性和灵活性[2]。如果只进行单一的控制就会影响机器人接受命令时的精度，使其行动受到限制与影响，因此必须从多个角度对机器人进行控制，来达到对机器人的控制。在这一过程中，还要注意很多逆力学模型的识别和一系列的干扰问题。

（二）高精度和高速度控制

机器人的行走轨迹控制还远远不能满足机器人创造的实际要求[3]。越来越多的机器人被应用于智能化的生产工厂，为了达到高效率、高质量的生产目标，工业化生产对机器人的精度与控制度具有较高要求，所以这就要求在制造智能

---

① 李友善，李军编．模糊控制理论及其在过程控制中的应用[M]. 北京：国防工业出版社 .1993

② 史晨红，左敦稳，张国家．基于轨迹控制的AGV运动控制器设计研究[J]. 机械设计与制造工程,2014,43(02):7-12.

③ 朱群峰，黄磊，罗庆跃．移动机器人运动轨迹控制系统[J]. 信息化纵横,2009,28(14):11-13.

机器人的过程中加强对速度和精度方面的控制，制造出完美符合人们生产生活要求的智能化机器人。这就需要对机器人控制系统加以设定，在以往的机器人控制系统中，都是通过 PID 来完成定点的控制，这种系统的不足之处日益显露，同时也无法完成人们所需的高精度、高速度的控制效果。这就需要不断对 PID 进行创新研发，为弥补传统 PID 在实际应用过程中存在的不足，能够对传统 PID 在工作过程中存在的定点失误或不当操作进行自调改变，进而实现高精度、高速度的控制，保证机器人在工作过程的稳定性。近年来，智能控制技术被大量应用于智能机器人的生产领域内，机械结构与智能结构的有机结合促进机器人的控制系统走向高精度、高速度的发展道路。设计人员需要实现智能控制技术在机器人领域的不断创新式应用，减少控制系统误差，完善机器人的学习功能与记忆功能，推动机器人领域在智能控制技术的助力下高效发展。

（三）移动机器人的轨迹跟踪迭代学习控制

1. 迭代学习过程控制系统

迭代学习控制可使移动机器[①]人高精度地执行轨迹跟踪任务，其学习过程控制图如图 3-7 所示。

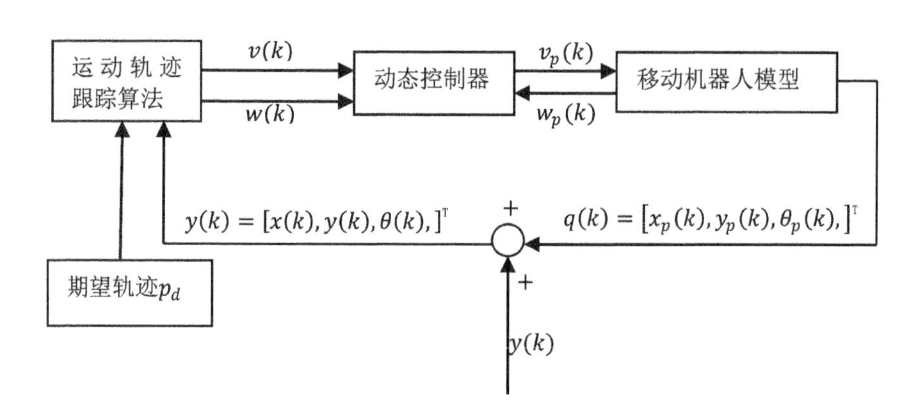

图 3-7　迭代学习控制图

移动机器人的高散运动学方程可描述如下式

$$q(k+1)=q(k)+B(q(k),k)u(k)+\beta(k)$$

$$y(k)=q(k)+\gamma(k) \tag{3.38}$$

① 葛瑜，王武，张飞云．移动机器人的离散迭代学习控制 [J]. 机械设计与制造，2011,{4}(09):147-149.

其中，$\beta(k)$为状态干扰；$\gamma(k)$为输出测量噪声；$y(k)=(x(k),y(k),\theta(k))^{\mathrm{T}}$为系统输出；$u(k)=(v(k),w(k))^{\mathrm{T}}$。

考虑迭代过程，由上述两式可得

$$q_i(k+1)=q_i(k)+B(q_i(k),k)u_i(k)+\beta_i(k) \tag{3.39}$$

$$y_i(k)=q_i(k)+\gamma_i(k) \tag{3.40}$$

式中：i为迭代次数；k为离散时间，$k=1,2,\cdots,n$；$q_i(k),u_i(k),\beta_i(k),\gamma_i(k)$分别代表第$i$次迭代的状态、输入、输出、状态干扰和输出噪声。

将迭代学习控制律设计为

$$u_{i+1}(k)=u_i(k)+L_1(k)e_i(k+1)+L_2(k)e_i(k) \tag{3.41}$$

式中，$e_i(k)$为k时刻的跟踪误差，$L_1(k)$和$L_2(k)$为学习增益矩阵。由式（3.41）可使状态变量$q_i(k)$、控制输入$u_i(k)$、系统输出$y_i(k)$分别收敛于期望值。

2. 仿真实例

针对移动机器人的离散模型式（3.38）和式（3.39），每次迭代被控对象的初始值与理想值相同，采用式（3.40）的迭代控制律。位置指令$x_d(t)=\cos\pi t, y_d(t)=\sin\theta_d(t)=\pi t+\frac{\pi}{2}$。取控制器的增益矩阵$L_1(k)=L_2(k)=0.1\begin{bmatrix}\cos\theta(k) & \sin\theta(k)0\\ 0 & 01\end{bmatrix}$，采样时间$T=0.001\mathrm{s}$，迭代次数为600次。

三、移动机器人智能控制的先进技术应用

（一）主动视觉技术应用

作为当前热门研究，主动视觉技术目前在机器视觉、计算机视觉方面有一定应用。所谓主动视觉技术，是指该技术可以主动视觉周围环境，具有较强反应与感知能力。而在移动机器人控制技术改造升级中融入主动视觉技术，可实现提升机器人周围环境分析能力，对姿态、光感、位置、成像光学条件进行准确分辨，进而达到提升机器人反应能力的目的，依据对当前情况的分析有效调整自身状态，确保机器人对相应任务的准确完成。针对主动视觉系统应用，可

构建完善图像采集平台，实现自主调整状态、自主应对环境变化。以计算机存储量增大、图像技术提升、运算速度提升为依据，利用导航来控制视觉信息，而导航系统主要作用体现为周围环境的检测，继而依托于导航系统完成路况检测、路标识别等任务。依托于主动视觉技术进行智能移动机器人控制技术的改造与升级，促使机器人依据对周围信息的全面掌握，合理计算与调整方向与速度，最终准确完成任务。

（二）超声波测速技术应用

超声波作为机械震荡的一种，具有弹性介质特点，传播速度仅为光波的百万分之一，具备纵向分辨率高，以及对色彩、外界光线以及电磁场不敏感的特点，在烟雾、灰尘、毒雾、黑暗的环境仍可以实现对物质有效测试，因其传播广泛、抗干扰能力强等特点被应用于移动机器人控制技术改造中。针对该技术具体应用，通过控制其进行方波信号功率的放大，借助转能器在空气中进行超声波的输出，此时若机器人前方出现障碍物，超声波会发生反射现象，进而被机器人换能器接收，以此实现对障碍物距离的测算。障碍物距离的测算方法，主要是依据对渡越时间法的应用，进一步提升移动机器人测距的精准性。

（三）PLC 技术应用

移动机器人控制技术升级与改造中进行 PLC 技术的升级，可实现提升机器人运动控制有效性。针对 PLC 技术的具体应用，具备灵活性强、编程简单、稳定性强等特点，应用于移动机器人的主要目的为进行继电器的替代，并对相应功能进行强化，具体体现为以下三方面。

一是运动控制。实现对移动机器人位置、加速度、速度的控制，依据对相关程序的编写，让移动机器人做出直线运动、多坐标运动、平面运动以及角度变化运动等，具体运动控制形式为伺服电机、步进电机，也就是开环与闭环控制[①]。此外，PLC 技术应用进行多个移动机器人的统一控制。

二是信息控制。可强化移动机器人信息数据采集、变换、检索、存储以及处理等。与此同时，移动机器人通过对 PLC 技术的应用，可实现对系统信息控制的强化，采集、分析以及处理机器人内部、外部各个参数，具体包括定位数据、角度、位移以及速度数据等，依托于数据的采集与处理，在控制端显示屏中显示机器人相关数据信息。

三是远程控制。是指对机器人远程系统的部分内容进行控制与检测，PLC 技术的应用，可拓展移动机器人通信接口，提升机器人通信、联网能力，可显

① 马玉敏，樊留群，李辉，等 . 软 PLC 技术的研究与实现 [J]. 机电一体化 ,2005(03):63-66.

著提升机器人远程控制效果[①]。例如，运行期间机器人传感器、执行装置可与PLC进行设备网的构建，或者是进行相互操作与数据交换。再或者进行远程控制系统连接，进一步提升远程控制范围。

四、移动机器人智能控制技术发展方向

（一）指导理论趋向统一化

依据对现阶段智能移动机器人指导理论现状的分析，未来其控制技术的升级与改造的指导理论必然会发展成一致性的方向，不仅是在指导理论方面的一致和统一，更是对智能移动机器人关键性控制基础、通用技术的普及，进而实现对移动机器研发、制造成本，为机器人智能化、自动化发展打下良好基础。

（二）研究目标趋向明确化

随着智能科技应用领域的拓宽与不断发展，可以预见，未来智能移动机器人控制技术的研究越来越趋向于多方向、多元化；在未来控制技术研发过程中，研发方向也将会以多元、多方向为主基调，但落实到研究目标则会更细化，以提升机器人控制技术专用性、专业性[②]。除此之外，智能化控制技术的研究也会考虑实用性以及普及性等广泛因素，为智能化控制技术的研究的实际应用拓宽领域。

（三）科技应用趋于创新化

科技创新是推动智能移动机器人控制技术研究领域不断发展的主要支撑，而在国家不断鼓励与支持下，我国科技创新势必会呈现出跨越式发展态势，这为智能控制技术的研究起到重要推动作用，为智能移动机器人控制技术的不断升级与改造打下良好基础。

---

① 王丽丽，康存锋，马春敏，等．基于CoDeSys的嵌入式软PLC系统的设计与实现[J]. 现代制造工程,2007(03):54-56.
② 孟繁丽．智能机器人的控制技术前景分析[J]. 求知导刊,2015(13):26-27.

第四章　智能移动机器人的传感器技术

移动机器人要达到更高的自主性和适应性，就必须要能够在未知的环境中实现自主导航。而实现自主导航的关键技术是移动机器人的同步定位与建图（Simultaneous Localization And Mapping，SLAM），即机器人在未知环境中移动的同时能够根据自身所携带的传感器来进行定位，并不断地在移动的过程中去创建增量式的地图。本章分为内部传感器、外部传感器两部分。主要内容包括：压力传感器、温度传感器、视觉传感器、超声波传感器等方面。

第一节　内部传感器

一、压力传感器

根据传感器的信号转换机制，柔性压力传感器主要分为压电式、电阻式和电容式三大类，三种传感器的主要工作原理及优缺点对比如表 4-1 所示。不论是哪一种柔性压力传感器，其基本工作机制都是在压力作用下，器件产生的形变或者结构变化转化为传感器电学性能或者光学性能参数的变化，借来反馈外界压力的大小和分布状况。一般情况下为了检测细小的变化，必须保证传感器的介电层或柔性电极在较小压力下就能够产生较大的形变，进而提高柔性压力传感器的压力响应灵敏度，最常用的做法就是对柔性电极或介电层进行微结构化处理。

表 4-1　三种主流柔性压力传感器比较

类型	工作原理	主要功能材料	优点	缺点
压电式传感器	压电效应	压电材料，一般是 PVDF	结构简单，灵敏度高，频带宽，动态特性好	不适用于静态压力测量，空间分辨率低

（续表）

类型	工作原理	主要功能材料	优点	缺点
电阻式传感器	体电阻变化	压阻材料，导电高分子复合材料	设计制作简单，成本低，频率响应好，信号易检测	滞后效应，一致性不好，非线性
	接触电阻变化	表面具有微结构导电层的柔性高分子材料	灵敏度高，温度影响小，空间分辨率高，信号易检查	需提前形成表面微结构，长期工作后回弹性可能变差
电容式传感器	电容变化	导体 / 介电材料 / 导体，介电材料会使用空心结构提高灵敏度	响应速度快，精度高，分辨力高，迟滞小	电磁干扰，检测电路复杂，输出线性非线性，寄生电容影响大，负载能力差

（一）压电型柔性压力传感器

压电型柔性压力传感器是利用某些具有压电效应的材料来实现传感器的压力传感。压电材料通常在受到压力发生形变时，两表面会产生正负电荷，撤出压力后会恢复到初始状态。在加载 / 卸载压力的过程中压电材料会将机械形变转化为电信号，通过检测电信号的变化可以推测压力的变化，从基本原理上说，压电型柔性压力传感器的电信号取决于具有压电效应的材料，这类材料通常包括钛酸铅、锗酸锂、锗酸钛的纳米线或者纳米颗粒和聚偏氟乙烯等压电聚合物。通过测量压电型柔性压力传感器在加压时电信号值来反映施加的压力的大小以实现压力 - 电压的同步响应，研究表明微结构的构建可以有效地提高该传感器的灵敏度。

压电响应型柔性压力传感器是通过压电效应来实现对压力的检测，其结构简单，灵敏度高，频带宽，动态特性好，并且可以自供电而不依赖于外部电源。布尔（Bui）等人提出了使用可定制的非紧密堆积微阵列的电介质摩擦表面微图案化技术，该结构类似于树蛙摩擦垫的形态，实验结构表明该结构显著增强了压电传感器的电气化性能和可靠性。以自然启发的摩擦纳米发电机（TENG）为基础，其结构化 PDMS 膜的 TENG 的瞬时功率密度为 23.9 W · m^{-2}，输出电压为 490 V，电流密度为 24.4 μA · cm^{-2}。李（Lee）等人演示基于半球阵列结构的全新设计的完全包装的 TENG，该结构构建在封闭系统中，没有任何垫片。半球阵列结构的 TENG 具有较高的机械耐久性，出色的鲁棒性和较高的弹性。

（二）柔性电阻型压力传感器

电阻型柔性压力传感器是利用传感器在压力下引起的柔性电极结构的变化来改变传感器的电阻值，通过检测电阻值的变化可以推测压力的变化，从基本原理上说，电阻型柔性压力传感器的电阻值大小取决于柔性电极的有效接触面积。当电阻型传感器受到外界压力的时候，传感器的柔性电极会发生形变，这导致有横截面的导电区域面积或者电极接触面的导电通路发生改变，最终导致传感器的电阻值发生变化。通过测量电阻型柔性压力传感器在加压时其本身电阻值来反映施加的压力的大小以实现压力 - 电阻的同步响应，研究表明微结构的构建可以有效地提高该传感器的灵敏度。

电阻响应型柔性压力传感器是以电阻为响应信号来检测外部压力的装置，其灵敏度高，温度影响小，空间分辨率高，信号易检查。柱状微结构是常见的一种二维结构，基于此结构，鲍（Bao）等人设计了一种柔性压力传感器，该传感器选择合适的柔性基底改善了皮肤适应性和整合性，显著增强了从人体获得的信号。该传感器上部分有聚萘二甲酸乙二醇酯 / 箔 / 铬 / 金电极层，接着是金字塔形聚二甲基硅氧烷层，该传感器的下半部分是柱状微结构，作者将两部分层压在一起，再使用商用胶带密封。实验结果表明该柔性压力传感器在长时间的循环测试（＞ 3 000 次）后表现出良好的稳定性，而且灵敏度高达 0.56 kPa^{-1}。该柔性压力传感器能检测健康人和患有心脏病的患者身上不同的波形，有利于快速诊断心血管等疾病。陈（Chen）等人的压力传感器的关键在于不同压力状态下圆柱微结构阵列和导电聚合物之间可变化的接触电阻。压力和接触电阻之间的函数关系明确了传感器的传感机理。该柔性压力传感器在低于 1 kPa 的压力区域内具有可控灵敏度且最低检测极限可达 2 Pa。由于此压力传感器的性能超过人体皮肤的感知能力，该压力传感器在应用于微尺寸物体的静态检测中提供了一种设计思路。

（三）电容型柔性压力传感器

电容型柔性压力传感器是利用传感器在压力下引起的柔性电极或介电层结构的变化来改变传感器的电容值，通过检测电容值的变化可以推测压力的变化，从基本原理上说，几乎所有的电容型柔性压力传感器都可以认为是平行板电容器，其电容值大小取决于板间距、介电常数和有效的正对面积。当电容型传感器受到外界压力的时候，传感器的柔性电极和介电层会发生形变，这导致有效正对面积、介电常数和板间距都会发生变化，最终导致传感器的电容值发生变化。通过测量电容型柔性压力传感器在加压时其本身电容值来反映施加的压力

的大小以实现压力 - 电容的同步响应，研究表明微结构的构建可以有效地提高该传感器的灵敏度。电容响应型柔性压力传感器是以电容为响应信号来检测外部压力的装置，其响应速度快，精度高，分辨力高，迟滞小。郭（Guo）等收到自然微结构的启发，为了简化微结构的制备工艺，利用玫瑰花的花瓣及其叶子作为传感器的介电层。作者充分利用植物叶片的三维细胞壁网络结构，结合柔性电极制备出柔性可压缩的传感器。该柔性压力传感器具有高灵敏度（1.54 kPa^{-1}，0.6~115 kPa）和超高的循环稳定性（>5000 次）。张（Zhang）等人利用疏水的荷叶表面作为柔性电极的模板，将聚苯乙烯微球（PS）制备成介质层，制造了高灵敏度（0.815 kPa^{-1}）的柔性压力传感器。该传感器充分利用荷叶的疏水特性，通过模板复制法将荷叶表面的疏水结构（绒毛状高纵横比）利用聚二甲基硅氧烷聚合物通过二次复制的方法进行复制，由于该结构具有较长的长径比，该传感器因此能够在较大的压力范围内依然具有良好的传感性能。

二、位置传感器

（一）电位器

电位器是最简单的位置传感器。电位器通过电阻把位置信息转化为随位置变化的电压，通过检测输出电压的变化确定以电阻中心为基准位置的移动距离。当电阻器 V_s 上的滑动触头随位置变化在电阻器上滑动时，触头接触点变化前后的电阻阻值与总阻值之比就会发生变化[①]。在功能上，电位器充当了分压器的作用，因此输出电压 V_{out} 与可变电阻 r 成比例，即

$$V_{out}=\frac{r}{R}V_S \qquad (4.1)$$

电位器通常用作内部反馈传感器，来检测关节和连杆的位置。

（二）光电编码器

1. 增量式光电编码器

增量式光电编码器由光源、码盘、光敏晶体管组成，码盘上有透光和不透光的弧段，尺寸相同且交替出现。由于所有的弧段尺寸相同，每段弧所表示的旋转角相同，码盘上的弧段越多，精度越高，分辨率就越高。当光旋转通过码盘上弧段时，输出连续的脉冲信号，对这些信号计数，就能计算出码盘转过的距离[②]。

① 张毅，罗元，徐晓东．移动机器人技术基础与制作 [M]. 哈尔滨：哈尔滨工业大学出版社，2013.
② 李卫国．工程创新与机器人技术 [M]. 北京：北京理工大学出版社，2013.

2. 绝对式光电编码器

绝对式光电编码器码盘的每个位置都对应着透光与不透光弧段的唯一确定组合，这种确定组合有唯一的特征。通过这唯一的特征，不需要已知起始位置，在任意时刻就可以确定码盘的精确位置。在起始时刻，控制器通过判断码盘所在位置的唯一信号特征，能够确定机器人所在的位置[①]。

第二节 外部传感器

一、温度传感器

（一）温度传感器的工作原理

为了利用功耗特征检测硬件木马，设计了一种对工艺扰动不敏感的温度传感 器。本章详细阐述了温度传感器的电路原理图，工作原理以及抗工艺扰动设计。

1. 热模型

硬件木马被激活后，电路功耗发生变化，温度也随之变化。在此采用凯文（Kenvin S）提出的 HotSpot 模型对电路温度进行仿真，HotSpot 采用 RC 热模型对温度与功耗建模。该模型将电路分成多个区域，并且将每个区域理想化为一个点（T_i），每个点对应一个温度，它的功耗与温度的方程为：

$$\sum_{\forall j \in N_i} \frac{1}{R_{ij}}(T_i(t) - T_j(t)) + C_i \frac{\mathrm{d}T_i(t)}{\mathrm{d}t} - P_i(t) = 0 \tag{4.2}$$

式中：T_i，T_j 为结点 i，j 的温度，P_i 为结点 i 的功耗，C_i 为结点 i 的热电容，R_{ij} 为结点 i，j 之间的热电阻。

2. 温度传感器结构

温度传感器是由 RC 振荡器组成，RC 振荡器则是由电流镜电路、运算放大器电路、逻辑重置电路组成。其中 RC 振荡器的逻辑重置电路内部含有对温度敏感的元件，产生对温度敏感的电流，最后通过对电容的充放电，产生一个高低转换的电压，最终输出一个振荡信号，计算振荡信号的频率，通过频率与温度图得到对应的温度。

① 赵宝明. 智能控制系统工程的实践与创新 [M]. 北京：科学技术文献出版社，2014.

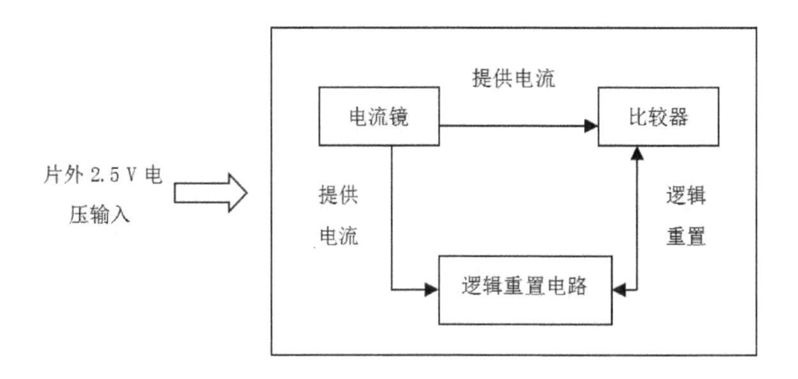

图 4-1　温度传感器结构框架图

（1）电流镜电路。

电流镜电路是 IC 中的基本电路单元，在模拟电路设计中很常见。它可以将电流精确复制为其他电路提供偏置电流。

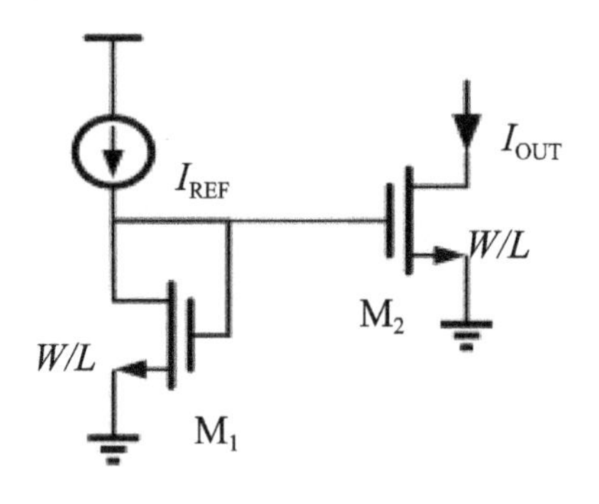

图 4-2　基本电流镜

如图 4-2 所示为基本电流镜图，当晶体管 M_1 和晶体管 M_2 都工作于饱和区，由于 M_1 的栅极电压等于 M_2 的栅极电压，在理想情况下，M_1 和 M_2 的漏电流满足以下比例关系。

$$I_{\text{REF}}=\frac{1}{2}u_nC_{ax}\left(\frac{W}{L}\right)_1\left(V_{\text{GS}}-V_{\text{TH}}\right)^2 \tag{4.3}$$

$$I_{\text{out}}=\frac{1}{2}u_nC_{ax}\left(\frac{W}{L}\right)_2\left(V_{\text{GS}}-V_{\text{TH}}\right)^2 \tag{4.4}$$

所以：

$$I_{\text{out}}=\frac{(W/L)_2}{(W/L)_1}I_{\text{REF}} \tag{4.5}$$

通过调整晶体管 M_1 管和晶体管 M_2 管的宽长比的比值，就可以得到电流镜想要的输出电流值。电路的关键特性是可以精确的复制电流而不会随着工艺和温度的影响而变化。当考虑沟道长度效应时，可以写出

$$I_{\text{D1}}=\frac{1}{2}u_nC_{ax}\left(\frac{W}{L}\right)_1\left(V_{\text{GS}}-V_{\text{TH}}\right)^2\left(1+\lambda V_{\text{DS1}}\right) \tag{4.6}$$

$$I_{\text{D2}}=\frac{1}{2}u_nC_{ax}\left(\frac{W}{L}\right)_2\left(V_{\text{GS}}-V_{\text{TH}}\right)^2\left(1+\lambda V_{\text{DS2}}\right) \tag{4.7}$$

因此有

$$\frac{I_{\text{D2}}}{I_{\text{D1}}}=\frac{(W/L)_2}{(W/L)_1}\frac{1+\lambda V_{\text{DS2}}}{1+\lambda V_{\text{DS1}}} \tag{4.8}$$

因为晶体管 M_1 管采用二极管接法，即 M_1 管的漏极和栅极连接在一起，所以有 M_1 管的漏极电压与栅极电压和 M_2 管的栅极电压三者相等。但由于晶体管 M_2 输出负载的影响，并不能保证晶体管 M_2 的栅极电压和漏极电压相等。为了抑制沟道长度调制效应的影响，有两种方法可以实现。方法一是固定宽长比，但是增加晶体管的沟道长度以减小沟道长度系数，这样就能增加等效输出电阻。方法二是使用共源共栅电流镜。如图 4-3 为共源共栅电流镜。

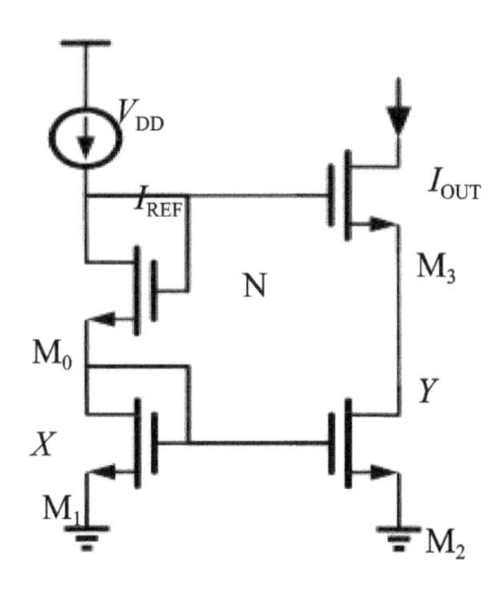

图 4-3　共源共栅电流镜

因为要使图 4-2 中的 V_{DS2}=V_{GS2}，即 V_{X}=VY，则需要保证图 4-3 的

$V_{GS0}=V_{GS3}$，所以需要根据 M_3 的尺寸适当的选择 M_0 的尺寸以控制 $V_{GS0}=V_{GS3}$，最终使得 $I_{D2}\approx I_{D1}$，但这种方法为了复制精度更高的输出电流，牺牲 M_3 的漏极电压余度。在忽略体效应的情况下，M_1，M_2，M_3，M_4 的管子尺寸相同，那么 M_3 的漏极所允许的最小电压为

$$V_{\min}=\left(V_{GS3}-V_{TH}\right)+\left(V_{GS1}-V_{TH}\right)+V_{TH} \tag{4.9}$$

电流镜如图 4-4 所示。M_1 与 M_2 两个管子的尺寸相同，1∶1 复制 IREF 基准电流，再由两个 PMOS 管组成的电流镜为运算放大器电路和逻辑重置电路提供偏置电流源，PMOS 管的尺寸是根据各个支路所需电流的大小而定的，电流镜中的所有晶体管都采用相同的沟道长度，通过调节晶体管的宽度来提供各个支路的电流值。

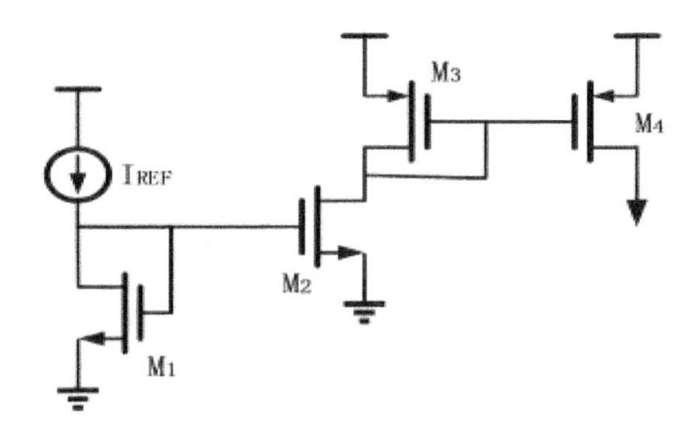

图 4-4　电流镜

（2）运算放大器电路。

运算放大器（简称为运算放大器）是许多模拟系统和混合信号系统中的一个完整部分，具有很高的放大倍数的电路单元。运算放大器一般用来实现一个反馈系统，可以适用于各种不同应用的要求。

理想运算放大器必须具备以下特性：一是无限大的输入阻抗，输入电流为零，在输入端没有负载效应；二是输出阻抗为零，输出端为一个理想电压源没有负载效应; 共模电压增益为零; 无限大的转换速率和开环增益; 无穷大的带宽; 无噪声、无失调、无功耗和信号失真；无参数漂移；不受负载、频率和电源电压的限制。实际设计出来的运算放大器，其性能无法真正达到这些值，而且大多数物理参数互相制衡，因此电路设计实际上是一个多维优化的问题，正如图 4-5 的“模拟电路设计八边形法则”所示，物理参数只能折中，要靠理论指导、经验和已成功的设计案例才能得到一个比较满意的设计方案在实践中，要根据

设计的具体要求完成对各个参数的折中。运算放大器的主要性能参数如下。

①开环增益。开环增益是指运算放大器在没有反馈状态下，正常工作有负载的差模电压增益，是集成运算放大器的输出电压与差动输入电压的比值。运算放大器的定义式为

$$A_{ed}=\frac{\Delta V_{out}}{\Delta V_{id}}\mid V_{id}=0 \tag{4.10}$$

当运算放大器的共模输入电压为零时，开环增益是输出电压 ΔV_{out} 和输入差分电压变化 ΔV_{id} 之比。

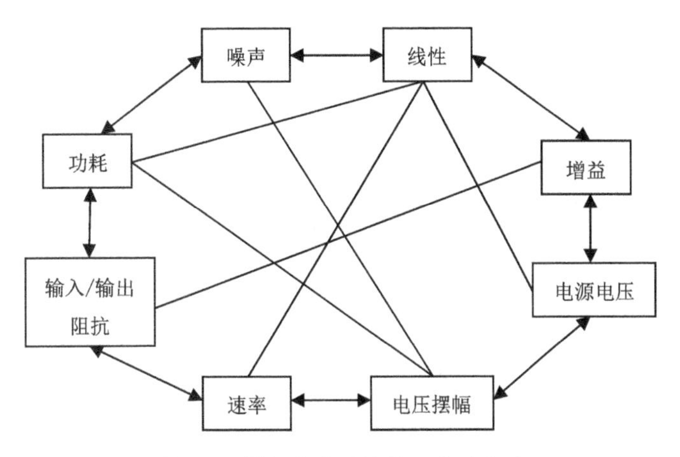

图 4-5 模拟电路设计的八边形法则

②单位增益带宽。单位增益带宽又称为小信号带宽，指的是在运算放大器的开环增益为 1 时的频率，即图的 f_u 值，该参数表示运算放大器处理低频信号的能力，并且决定了小信号能够到达的最高频率。

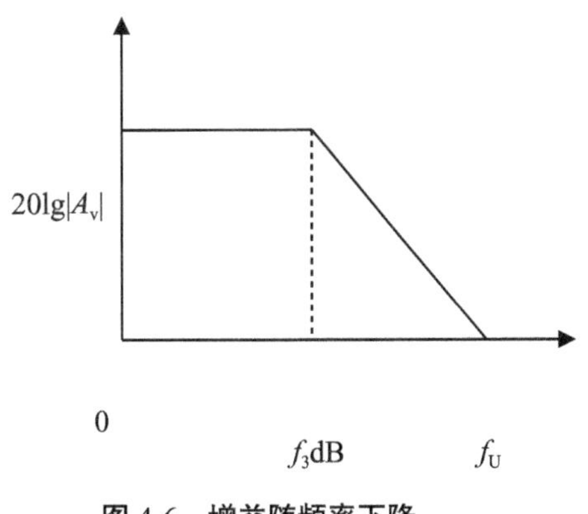

图 4-6 增益随频率下降

③大信号带宽。大信号带宽也称为功率带宽，根据转换速率来计算，代表运算放大器输入端信号的频率分布，该值越高则表示能处理的信号频率越高，运算放大器的高频特性就越好，否则得到的信号就容易失真。

④输出摆幅。当运算放大器工作在线性区时，在给定的供电电压和指定的负载情况下能够达到的最大峰值。

⑤相位裕度（相位余裕）。是模拟电路设计中一个重要指标，数值是衡量负反馈系统的稳定性的一个重要指标。相位余裕越大则系统能保持稳定的能力越强，它定义为

$$P_M = 180° + \angle\beta(\omega = \omega_1) \tag{4.11}$$

ω_1 为运算放大器的增益交点频率，即使增益幅值等于 1 的点。相位裕度至少为 45°，60° 为宜。

⑥电源抑制比（Power Supply Rejection Ratio，PSRR）。是电路输入端到输出的增益与电源到电路输出的增益比值，单位为分贝。通过定义可以看出，影响输出的因素除了电路本身还包括电源噪声的影响，因此 PSRR 表示运算放大器抑制电源噪声的能力，PSRR 越大，则电路对电源电压噪声的抑制能力越强。

⑦转换速率。转换速率也称为压摆率（Slew Rate，SR），定义为当运算放大器接成闭环时，将一个大信号接入运算放大器的输入端，在壹微秒时间里从运算放大器的输出端测运算放大器的输出信号上升速率，即电压由波谷升至波峰所需时间，单位为 $V/\mu s$。在转换期间，由于运算放大器的输入级处于开关状态，其负反馈未起作用，因此 SR 与闭环增益没有关系。SR 对于运算放大器处理大信号是一个很重要的指标，SR 越高说明瞬时响应速度越快。

⑧共模抑制比（Common-Mode Rejection Ratio，CMRR）。是差模电压增益与共模电压增益之比，单位分贝。其公式定义如下：

$$\text{CMRR} = 20\lg\frac{|A_{\text{ed}}|}{|A_{\text{ec}}|} \tag{4.12}$$

CMRR 是用来度量运算放大器抑制共模信号的一种技术指标，因为通常运算放大器输入端的共模信号是干扰信号，CMRR 越高，表示对共模的抑制能力越强，差模增益越高。

⑨输入失调电压。输入失调电压（通常用 VOS）是使当运算放大器的两个输入端接地时使输出端为零的电压差，其值越小越好。

⑩输入共模电压范围。在运算放大器正常工作时，两个输入端允许输入的电压范围，ICMR 表示输入共模电压范围。

①建立时间。定义为在运算放大器接入额定的负载时，输入端接入一个大信号，在闭环增益为 1 的情况下，运算放大器输出端由零增加到某一给定值所需要的时间。此时存在一个稳定时间，因为当输入端输入大信号，输出会出现抖动，这个抖动时间被称为稳定时间。建立时间等于稳定时间加上上升时间。

②差模输入阻抗（输入阻抗）。当运算放大器工作在线性区时，两输入端的电压增量与其对应电流增量的比值。

③共模输入阻抗。当运算放大器的两个输入端输入同一个信号时，共模信号电压增量与其对应电流增量的比值。在运算放大器工作在低频状态下，共模输入阻抗表现为共模电阻，一般情况下，差模输入阻抗比共模输入阻抗低很多。

④噪声：和所有电路一样，运算放大器电路也存在着噪声，通常包含器件噪声和环境噪声。器件噪声包含闪烁噪声和约翰逊噪声（也称为热噪声）。环境噪声则是运算放大器电路收到来自电源电压、器件衬底、接地线的干扰信号。

⑤功耗。运算放大器在没有接入负载的情况和给定电源下的静态功耗。

（3）逻辑部分电路。

RC 振荡器的逻辑部分电路分为电阻、电容和晶体管开关构成的电压充放电部分以及反相器构成的电位重置部分。RC 振荡器使用的电阻为含多晶硅化物电阻 Rnpoly，其电阻参数如表 4-2 所示。

表 4-2　电阻参数一览表

参数	数值	参数	数值
Model Name	rnpolys	Segment spacing	180nm
Total Length	2.5 m	Cont columns	1
Total Width	400 n	Multiplier	1
Rs（ohms/square）	15.396 5	Segment length	100
Number of segment	25	Totel resistance	93.4163kΩ

对电阻在各种工艺角（Typical Corner、Fast Corner、Slow Corner）下进行仿真，设置典型工艺角（Typical Corner）为 1 104 Ω，在 ADE 的 Setup 中分别设置 Model Library 为 Fast Corner 和 Slow C orner，电阻值随工艺库的变化如表 4-3 所示，在 fast corner 下的阻值为 681.64 Ω，在 slow corner 下的阻值为 1 532 Ω。

表 4-3　各种工艺角下的电阻值

工艺角	数值 /Ω
tt	1 104
ff	681.64
ss	1 532

为了得到电阻的温度特性曲线，对电阻进行温度扫描，设置温度范围为 –40 ℃～ 140 ℃，电阻初始值为 75 Ω，设定电流源为 5 μA，地线接 gnd，得到的温度特性曲线如图 4-7 所示。

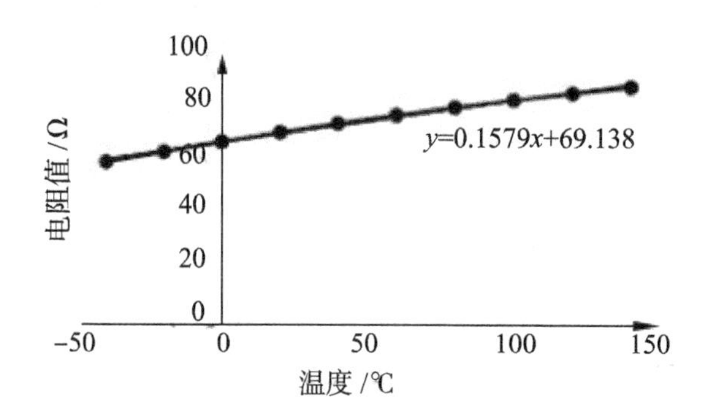

图 4-7　电阻温度曲线图

电阻的温度趋势线公式为

$$y = 0.157\,9x + 69.138 \tag{4.13}$$

该电容是可变电容，其电容值会随着两端电压的变化而变化。

表 4-4　电容参数表

参数	数值	参数	数值
Model Name	Moscap_rf	Fingers_per_Group	20
Length_per_Finger	1 μm	Numbers_of_Groups	10
Width_per_Finger	2.5 um	Multiplier	1

实验环境设置如下：设置电容两端电流源电流为 8 μA，测试不同温度下两端电压的变化，温度范围为 –40 ～ 140 ℃，得到的电压 - 温度曲线图如图 4-8 所示。

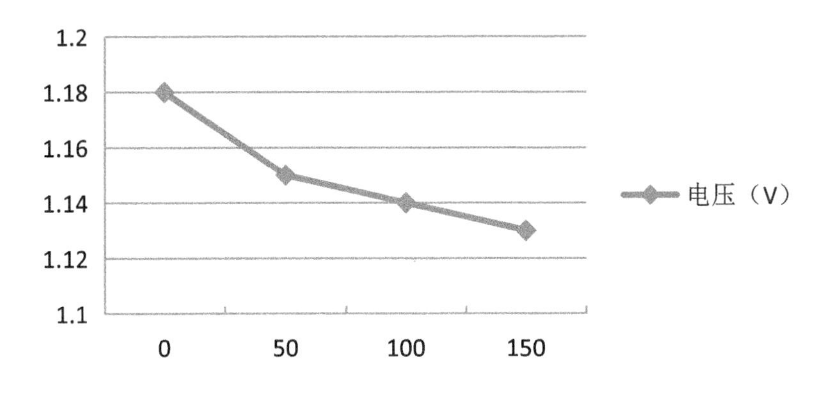

图 4-8　电容温度曲线图

逻辑部分使用的晶体管开关有两种长宽比，如表 4-5 所示。

表 4-5　两种晶体管开关参数表

晶体管	长度(μm)	宽度(μm)	Number of Fingers	Multiplier	Vth /mV	Vdsat /mV
晶体管 A	1	5	1	1	782	785.3
晶体管 B	1	2	1	1	577	39.9

如图 4-9 所示展示了反相器的晶体管级结构图。

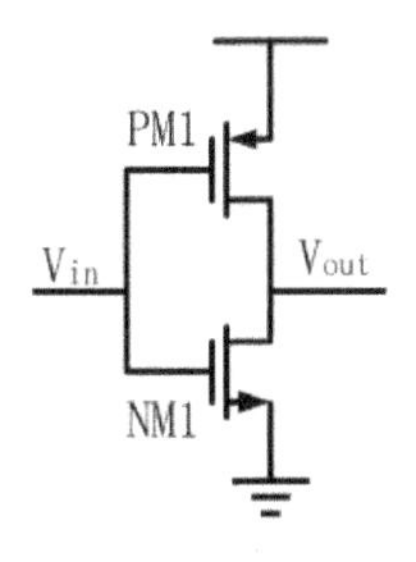

图 4-9　反相器晶体管级结构图

设 V_{th1} 是 PMOS 管的阈值导通电压，V_{th2} 是 NMOS 管的阈值导通电压，忽略场效应管的亚阈值导电性，那么可以将反相器的电压传输特性分为三个阶段。在第一阶段，当 CMOS 反相器的输入电压 V_{in} 大于零且小于 NM1 的阈值导通电压 V_{th2} 时，即 $0<V_{in}<V_{th2}$ 时，NM1 未导通，处于截止状态，又因为 PMOS 管的栅漏电压高于其阈值导通电压，即 $|V_{GS2}|>|V_{th1}|$，所以 PMOS 管处于导通状态，工作在饱和区，因此 CMOS 反相器的输出结果为高电平，即 $V_{out}=V_{DD}$。在第二阶段，当输入电压大于 NMOS 管的阈值导通电压，却小于 $V_{DD}-|V_{th1}|$ 时，此时

PMOS 管与 NMOS 管同时导通，这时反相器消耗大量电流，在设计时，应尽量减小处在这一区域的时间。在第三阶段，当 CMOS 反相器的输入电压大于 V_{DD}-$|V_{th1}|$ 时，PMOS 管未导通，NMOS 管导通，此时输出电压 V_{out}=0。反相器的器件参数如表 4-6 所示。

表 4-6　反相器的器件参数

晶体管	长度 /nm	宽度 /nm	Multiplier	功耗 /nW	面积 /μm²	电流 /nA
PM1	400	400	1	-	0.184	83.95
NM1	400	800	1	-	0.184	83.95
Invter	-	-	-	209.875	3.68	83.95

由表 4-6 可以看出，反相器的长为 400 nm，宽也为 400 nm，功耗为 0.21 μW，面积为 3.68 μm²，流过反相器 PMOS 管与 NMOS 管的电流为 83.95 nA。

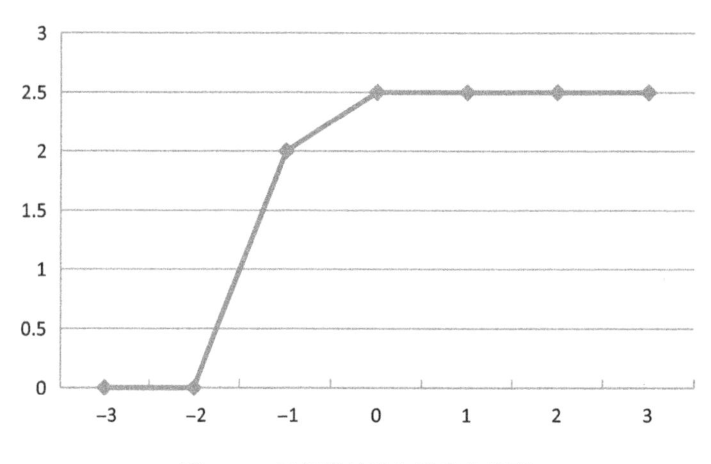

图 4-10　反相器的输入输出曲线图

如图 4-10 所示为反相器的输入输出特性图，仿真环境设置如下：电源电压为 2.5 V，电源地线接地，负载为 100 fF，设置电源输入电压为变量 V_{in}，V_{in} 的设置范围是 –2.5 ～ 5 V，得到输出电压范围变化为 0 ～ 2.5 V，在 –2.5 ～ –1.5 V 区间里，反相器的输出为 0 V，在 –1.5 ～ –0.4 V 范围里，反相器的输出从零开始变大，因为此时 PMOS 管和 NMOS 管同时导通，消耗的电流最大，在 –0.2 ～ 2.5V 范围里，反相器输出为零。

3. 温度传感器工艺扰动校准分析

（1）工艺扰动来源分析。

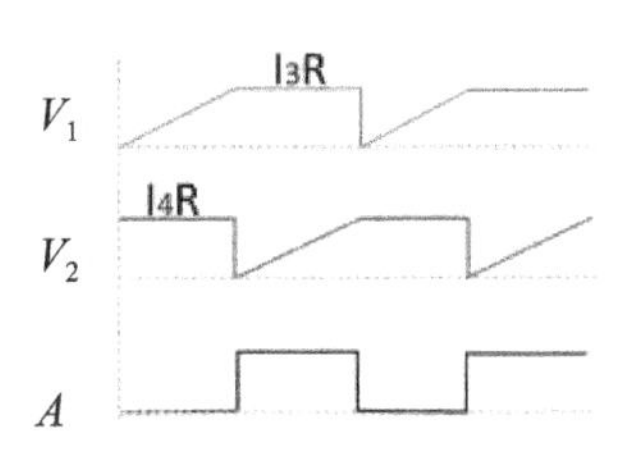

图 4-11　电路波形图

①电路参数偏离原值。在理想情况下，电容 C_1，C_2 应是相同的值 C。实际上，由于工艺扰动，C_1、C_2 偏离原值 C，同样的情况也发生在电阻 R。根据公式（4.14），电阻和电容将会直接影响周期。

②电路参数失配。在理想情况下，电容 C_1、C_2 是相同的值。但由于存在失配，使得 C_1，C_2 并不相等，电流 I_3，I_4 由于晶体管间的内模工艺扰动，同样也存在失配问题。

③比较器，施密特触发器，反相器等的延迟时间 Tdelay 越大，周期的偏差也越大。考虑失配和工艺扰动，电路周期公式如下。

$$T_{\text{period}} = \left(\frac{RC_1I_4}{I_3} + \frac{RC_2I_3}{I_4}\right) + T_{\text{delay}} \tag{4.14}$$

（2）工艺扰动校准方法。

考虑到电路参数失配是由于内模工艺扰动造成的，校准比较困难，且与外模工艺扰动相比造成的频率偏差较小，因此着重考虑外模工艺扰动校准，以下是采用可变电容校准外模工艺扰动的方法。

①电压补偿。在工艺库中选择了相对而言工艺扰动最小，且对温度敏感的电阻。设 M_3，M_4、M_3，M_5 的长宽之比皆为 α。不考虑电流失配，则有 $I_3=I_4=\alpha I_2=\alpha I_1$。对电路分析可知，电阻 R 影响电压 α I_1R，假设工艺扰动造成电阻偏差 ΔR，则电压为

$$V = \alpha I_1 R\left(1 + \frac{\Delta R}{R}\right) \tag{4.15}$$

为了补偿电压对电流供应电路做改进。电流镜的源电流来源于电源电压与一个小电阻 r 的串联，假设电阻 r 两端的电压为 V_r，在 tt 工艺角下，保证初始值:

$$\frac{V_r}{r}=I_1 \tag{4.16}$$

当工艺扰动造成电阻偏差 Δr 时，有

$$I_3^{'}=I_4^{'}=\alpha\frac{I_1}{\left(1+\Delta r/r\right)} \tag{4.17}$$

所以电压为

$$V=\alpha I_1 R\frac{1+\Delta R/R}{1+\Delta r/r} \tag{4.18}$$

令：

$$K=\frac{1+\Delta R/R}{1+\Delta r/r} \tag{4.19}$$

综合考虑面积等因素，最后选择了一个较小的电阻，对电压进行了一定的补偿，但并没有完全补偿，即 $K>1$，下面介绍第二种补偿方式。

②采用可变电容补偿方法。电容选取了工艺库中的可变电容，其特性是：当电容两端电压改变时，可变电容值也会随之发生改变。考虑延时 T_{delay}，失配和工艺扰动的影响，假设工艺角对电容的影响因子为 a，电流的失配因子为 b。a，b 均为正数，则 I_3，I_4 分别为 $I_3=I(1+b)$，$I_4=I(1-b)$，电阻值为 $R(1+K)$，所以 V_1，V_2 的电压分别为 $I_3R(1+K)$，$I_4R(1+K)$，当 V_1，V_2 的电压上升，可变电容 C_1，C_2 的值随之降低，为 $C(1-a)$，振荡器的周期为

$$T_{A=0}=I\left(1+b\right)R\left(1+K\right)\frac{C\left(1-a\right)}{I\left(1-b\right)}+T_{\text{delay}} \tag{4.20}$$

$$T_{A=0}=I\left(1-b\right)R\left(1+K\right)\frac{C\left(1-a\right)}{I\left(1+b\right)}+T_{\text{delay}} \tag{4.21}$$

$$T_{\text{period}}=2RC\left(1-a\right)\left(1+K\right)\frac{1+b^2}{1-b^2}+T_{\text{delay}} \tag{4.22}$$

③降低延时。温度传感器的信号延时是由比较器，施密特触发器，反相器的延迟组成。为了减少该延时，采用了高速比较器。施密特触发器的主要作用是过滤掉比较器输出信号的毛刺，经实验发现，改进的反相器也能做到这一点，因此改进后的电路未采用施密特触发器，进一步降低了温度传感器的信号延时。

表 4-7　工艺扰动偏移百分比

参考	ff / %	tt	ss / %
环形振荡器	13	-	–11
电流传感器	17	-	–15
RC 振荡器原型	9	-	–26

采用上述校准方法后，使用 SMIC 180nm CMOS 工艺和仿真软件 Cadence Spectre 在 ff、tt、ss 三种工艺角下对温度传感器进行仿真实验。

实验结果表明，RC 振荡器的周期受工艺扰动影响相比校准前可以降低 4 倍，表 4-7 左栏代表各类传感器，右栏中的数据是 ff，ss 工艺角相对于 tt 典型工艺角的频率偏移百分比。相比于传统的用环形振荡器（以下简称 RO）作为温度传感器检测硬件木马，RC 的优点在于对温度更敏感，因为电路设计中含有温敏电阻，且对 RC 做了抗工艺扰动的设计，因此 RC 受工艺扰动的影响低于 RO 受工艺扰动的影响。

（二）温度传感器的分类

电阻温度探测器（RTD），其电阻取决于温度，当温度发生变化时，传感器的电阻随着变化。其电阻温度关系为：

$$R(t)=R_0\left(1+At+Bt^2\right);\quad t>0\ ℃ \tag{4.23}$$

式中：t 为温度；R_0 为 t=0 ℃时的电阻；$R(t)$ 为温度为 t ℃时的电阻；A 和 B 是常数，一般 B 值很小可以忽略，电阻温度近似为线性关系。因此，可以通过测量传感器的电阻值来测量温度。RTD 传感器通常由铂、铜、镍合金或各种金属氧化物制成。其优点为：测量准确、线性度好且稳定。

热电偶通过直接测量温度，并将温度信号转换为热电动势信号，并通过电气设备输出测量介质的温度。其基本原理是两种不同材料的导体形成闭合回路，当两端存在温度差时，回路中就会有电流流过，并且在两端之间产生电动势。常用的标准化热电偶丝材料为铂铑 10- 铂、铂铑 30- 铂铑 6、镍铬 - 铜镍、镍铬 - 镍硅。其优点是：测量温度高、非常稳定、价格便宜、自供电无须外部激励。但测量结果容易出现误差、需要冷端补偿。

柔性温度传感器：柔性温度传感器即在传统温度传感器的基础上，使用柔性基底及相应的敏感材料，常见的柔性基底材料有金属箔片、玻璃板和有机聚合物材料三种，金属箔片相较于玻璃薄片和塑性材料更加耐用，但当器件上有其他金属材料时，需要覆盖一层绝缘材料。不锈钢材料更是具有耐化学腐蚀、不易形变、耐高温、不易氧化等优点。玻璃板当厚度在几百微米时具有柔性，此时仍具有玻璃的优点，但其易碎且难以制作。有机聚合物材料是最常用的柔性基底材料，具有非常好的柔韧性且制作方便、成本低，但无法承受过高的温度。常用作柔性基底的聚合物材料有：聚酰亚胺（PI）、聚对苯二甲酸乙二醇酯（PET）、聚萘二甲酸乙二醇（PEN）、聚二甲基硅氧烷（PDMS），几种材料的特性比较如表 4-8 所示。

表 4-8 几种有机聚合物柔性基底特性比较

材料	最高温度/℃	特性
聚酰亚胺	280	黄色透明，具有优异的热稳定性、耐化学腐蚀性，热膨胀系数大，高吸湿性
聚醚醚酮（PEEK）	240	琥珀色，耐化学性好；价格昂贵，吸湿性低
聚醚砜（PES）	190	透明，稳定性好；耐溶剂性差；价格昂贵的；吸湿性中等
聚对苯二甲酸乙二醇酯（PET）	120	透明，良好的耐化学腐蚀性和力学性能、热膨胀系数中等，吸湿性低，成本低
聚萘二甲酸乙二醇酯（PEN）	175	透明，相较于 PET 具有更高的物理机械性能、气体阻隔性能、化学稳定性及耐热性
聚二甲基硅氧烷（PDMS）	200	透明，耐热、耐寒、防水，导热性好，良好的化学稳定性和疏水性，制备简单

（三）柔性温度传感器敏感薄膜制备工艺

温度传感器的制备工艺多种多样，结合柔性基底与敏感材料的特性，主要有丝网印刷、喷墨打印和光刻等几种制备方式。

1. 丝网印刷

丝网印刷始于我国秦汉时期，随着网印技术的不断发展，它逐渐应用于电子工业领域，如集成电路和压电元件等。丝网印刷平台的组成部分主要包括：印刷台、待印刷物、丝网印版、刮板和网印材料。其工作原理是丝网印刷材料通过丝网印版上的图形孔隙涂覆在其下面的待印刷物上，网印材料没有孔隙的部分无法透过，因此在待印刷物上形成与印版上一致的图案。刮板用于对丝网印刷板的丝网印刷材料部分施加恒定的压力，向另一方向进行匀速的线性移动，受到压力的网印材料也会沿着刮板的移动轨迹透过网版粘贴到印刷物上，形成图案。在此过程中，刮板相对于印版和待印刷物始终保持线性移动，并且丝网印刷版和印刷对象之间始终存在间隙。弹性回弹力使得丝网印刷板和基板之间的线性接触是可移动的，而其他部分是分开的。由于其弹性，丝网印刷材料和丝网印刷板之间的运动是断裂运动，有效地保证了丝网印刷的尺寸精度。丝网印刷具有适应性广、工艺简单、成本低、质量稳定等优点。其缺点是精确度较低。为了确保丝网印刷的图形精确度，需要选择合适的丝网目数，丝网目数越大，单位面积内的网点目数越多，印刷出来的图形具有更高的分辨率，但同时丝网目数越大孔径越小，容易产生待印刷物印刷不均匀、出现龟纹等问题，因此需要结合待印刷物黏稠度、颗粒大小以及印刷的图形尺寸，选择最佳的丝网目数。

使用丝网印刷制备柔性温度传感器的步骤为：设计丝网印版图形及丝网目数，制备浓度合适的导电浆料，将柔性基底清洗后平整地铺在印刷台上，将导电浆料放置在印版一端，使用刮板朝着另一端匀速刮动导电浆料，而后将印刷出来的图形放置于恒温台上 90℃条件下烘干。

2. 喷墨打印

与丝网印刷相比，喷墨打印不需要印版，而是使用数字化的控制技术，通过非接触的方式在基底上印刷一系列连续的微小墨滴进而形成敏感薄膜。随着科技的发展，使得在功能材料图案化和光电器件的应用领域中，喷墨打印技术受到越来越多的关注，传统方式使用的染料墨水已经逐渐被功能性墨水所取代，通过这种喷墨打印技术应用到电子产品中。丝网印刷的图案精度较低，喷墨打印技术与其相比拥有更高的精度、分辨率以及灵活性；光刻技术工艺复杂且设备昂贵，而喷墨打印技术则具有成本低廉、环保和加工步骤少等优点；软印刷和纳米印刷可以实现大面积和高精度的图案加工，喷墨打印技术与其相比还具有图案更加均匀、加工连续性好的优势。

导电墨水作为喷墨打印技术的关键因素之一，也需要较高的要求，必须满足特定的条件才能通过喷墨打印，包括最佳的溶解度、黏度和表面张力。如金属纳米粒子、导电聚合物、碳基材料等。金属纳米粒子墨水的常用溶剂有水、异丙醇、四氢呋喃等，但金属纳米粒子在溶剂中存在不稳定、易聚沉的问题，容易造成堵塞喷笔，或喷涂图案不均匀，降低图形精度等问题，且成本和工作温度都太高，无法大量使用。导电聚合物在柔性显示方面具有较大优势，但导电率相对较低。在这些方面，碳基材料由于其低成本和高导电性而成了很好的导电油墨候选材料。而使用碳基材料作为导电油墨时，由于其具有疏水性，需要添加一些添加剂，如稳定剂和酸性材料等，否则会导致导电性能下降，喷墨打印机会发生机械破坏。因此，碳基材料作为导电油墨用于喷墨打印仍然面临许多挑战。

3. 传统 MEMS 工艺

光刻技术是指使用光致抗蚀剂（又名光刻胶）在光照的作用下将掩模板上的图案转移到基板上的技术。主要工作过程如下：首先，具有光致抗蚀剂膜层的基板的表面通过掩模板暴露于紫外光，并且暴露的区域中的光刻胶发生化学反应，然后通过显影技术溶解和除去曝光或未曝光的区域的光刻胶（前者称为正性光刻胶，后者称为负性光刻胶）将掩模板上的图案复制到形成的光刻胶薄膜上，最后使用蚀刻技术将图案转移到基板上。

曝光区域中的正性光刻胶发生降解反应被显影剂溶解，其余未曝光区域中的图案与掩模板上的图形相同。负性光刻胶的曝光部分发生交链反应，变得不溶。未曝光的区域的光刻胶被显影液溶解，并且所得到的图案与掩模板上的图案互补。正性光刻胶具有高分辨率，对驻波效应不敏感，曝光容很大，低针孔密度和无毒性等优点，使其适合于生产高度集成的器件。负性光刻胶具有很强的附着力，高灵敏度和较不严格的显影条件，使其适合于制造低密度器件。

磁控溅射其基本原理为：在电场和交变磁场的作用下，Ar-O_2 混合气体中等离子体中的高能粒子被加速轰击靶材表面，进行能量交换，脱离原晶格而逸出的靶材表面的原子转移到集体的表面，从而形成敏感薄膜。磁控溅射具有良好的附着力、可实现大面积镀膜且成膜速率高、基片温度低等优点。柔性温度传感器金属敏感薄膜的制备工艺大部分仍采用传统的 MEMS 工艺，即光刻和金属沉积等技术，以聚酰亚胺做柔性衬底为例，其工艺步骤为：①由于聚酰亚胺是柔性的，在制作工艺中可能会发生卷曲，所以第一步先 将其固定在坚固的衬底上，比如玻璃或硅片等；②根据要掩模的图形选择合适的光刻胶，进行旋涂；③按照设计的掩模板进行曝光、显影操作，完成光刻操作；④沉淀金属层；⑤去除光刻胶。将溅射后的薄膜浸泡在丙酮溶液中，完成在柔性基底上制备柔性传感器的工艺。

二、视觉传感器

（一）功能需求

1. 图像采集处理

通过图像传感器获取原始图像数据，在此基础上利用包括图像配准、轮廓提取、轮廓拟合等在内的各种图像算法实现引导定位、尺寸测量、条码识别等视觉应用功能。

2. 数据交互

通过 RS232、TCP/IP、CAN 等通信方式对视觉传感器进行远程连接、指令控制、参数配置、作业文件下发等操作，同时可通过上述通信方式将视觉传感器的工具处理结果、原始图像数据和运行状态信息传输至机器人、HMI、PLC、工控机等外部设备。

3. 图形化编程

在集成开发环境中利用图形化编程方式取代文本编程方式进行视觉应用开发，其中各视觉应用工具均为独立模块，可任意组合成为工程作业，并以文件形式下发至视觉传感器。

（二）视觉传感器底层硬件架构

基于本视觉传感器的视觉系统，自顶向底，整个系统可划分为系统层、控制层、设备层。其中，系统层与控制层之间基于各种通信接口实现通信互连，控制层与设备层之间则基于端子板实现硬件直连。

视觉传感器的主处理单元采用 32 位高性能 DSP 芯片 ADSP-BF537，最高主频为 600 MHz，具有 1200 MMACS 的处理能力。该处理器基于由 ADI 公司和 Intel 公司联合开发的微信号架构（MSA），兼顾高性能与低功耗，已在音频、图像、视频处理、移动通信、仪器仪表和汽车辅助驾驶等领域广泛应用。

视觉传感器采用的 CMOS 是 Micron 公司推出的全局电子快门 MT9V032 图像传感器，其有效分辨率 752 × 480 像素，最高帧率 60 fps，可支持自动曝光控制、自动白平衡、暗电平控制、闪光修正和畸变纠正等复杂功能，主要面向安防监控、高动态范围、立体视觉和机器视觉等应用场合。

三、超声波传感器

（一）超声波特性

超声波，是指声波或者振动通过 20 KHz 或更高频率的粒子局部振动来传输机械能的波。超声波由于其高频特性而被广泛应用于医学、工业、情报等众多领域。

超声波只能在具有弹性和惯性的介质中传播，如气体、液体及固体，且其传播速度与介质有关。超声波在工业、医疗、军事、生活中都有非常广泛的应用，按照功率大小分为检测超声波和功率超声波。功率超声波主要依靠大功率超声波发射器进行工作，通常没有超声波接收设备，比如超声波清洗机，主要利用超声波在液体中的“空穴现象”。而检测超声波主要利用超声波的穿透特性和反射特性，在军事上常用作超声波雷达，在医学上常用来扫描器官，以协助治疗。同时，在民用领域，常用超声波来进行测距，相比于激光测距仪红外测距仪，超声波测距仪成本低廉，精度较高，受环境影响较小，因此在很多场景下均为首选的测距方法。当超声波从一种介质传入到另一种介质时，会发生超声波的反射、透射、折射现象，本质上超声波测距仪利用超声波的反射现象来工作。超声波反射与电磁波反射比较类似，以入射方向与异质界面垂线的夹角作为入射角。所谓异质界面，指的是两种特性阻抗不同的介质所构成的界面，比如气体、固体界面。当入射角为 0 度，即超声波垂直入射时，仅发生超声波的反射和透射现象，当入射角不为 0 度时，此时超声波倾斜入射，会发生超声波的反射、透射和折射现象，同时伴随有超声波的波形转换。在进行测距的过程中，超声波传播的介质一般的气体和固体，在这种情况下，超声波以一定的倾角入射到异质界面时，会发生反射现象。超声波接收器通过接受反射波，来测得二者之间的距离。

（二）超声波传感器原理

超声波测距仪分为超声波发射装置和超声波接收装置，也有一些超声波测距仪将二者合为一个装置。超声波发射装置和超声波接收装置的相关原理是进行超声波攻击的理论基础，也是超声波攻击能否成功的关键。以下对超声波发射器和接收器的原理进行分析。

1. 超声波发射器原理

超声波传感器根据其在空气中的工作方式分为两种类型。其中一种类型是静电换能器。静电换能器由两块板组成，其中一块不可移动，另一块可以移动。当对两个板施加高压信号时，通过静电吸引原理将两块板拉向彼此。这会引起脉冲并在空气中产生超声波信号。但是，这种超声波传感器由于其体积大，价格高，因此一般仅在精密工业中应用，很难将其应用于一般超声波测距场景。另一种类型是压电换能器，它使用某种具有压电效应的材料。压电效应指的是材料在施加压力或振动时可以产生电能，反之亦然。因此，使用该现象可以产生超声波信号。由于这种类型的换能器允许连接简单的电子设备进行控制，因此它广泛用于许多常见的设备，例如机器人，车辆和无人机。

内部有两个压电晶片和一个共振板。当电极上传来一个高电平时，超声波发射器内部结构会将高电平脉冲转变为周期性的电脉冲波。压电传感器中的压电晶片受到电脉冲激励后产生共振，带动共振板进行振动，由此产生超声波。虽然激励电流的频率可以人为地更改，但是压电晶片进行共振的固有频率是无法更改的，因此该类型的超声波传感器只能发出狭窄频带的超声波。

目前市场上超声波发射器所使用的电路频率主要有 40 kHz 和 25 kHz 两种。需要额外说明的是，激励电路的频率与超声波发射器实际发射的频率并不相同。主要原因是激励电路震荡引起超声波共振板进行共振，因此超声波实际频率同时取决于共振板的固有频率和激励电路的频率。不过理论上讲二者相差不大，因为相差比较大的激励电路频率是无法引起共振板进行共振的。在具体的实验中，使用激励电路为 40 kHz 的 AJ-SR04M 超声波测距模型，同时使用 GK850 固莲达超声波测频仪对其发出超声波的频率进行测量。实验测得，该模型的实际频率为 40.2 kHz。

在固定的时间段内，将电流施加到超声波传感器的传输换能器（即发射器）上时，发射器会产生并发射超声波信号。将施加到发射器的电流记为触发电流，将施加触发电流的时间记为触发电流持续时间。注意，即使在触发器停止后，发射器仍继续振荡并发出超声波信号。这种额外的振荡时间被称为振铃时间，是由换能器的机械共振引起的。在 0~1000 μs 这段时间内，给超声波发射器施加触发电流，在停止之后，超声波发射器仍然会产生超声波信号，一直持续到 1 800 μs。实验中，触发信号和超声波信号由示波器采集。超声波发射器所发射的超声波信号会以一定的辐射角传播，其传播形状称为超声波传感器的波束角。其波束的角度 θ_0 与超声波发射器的具体型号有关，可以表示为如下公式。

$$\theta_0 = \sin^{-1}\left(0.61\lambda/r\right) \qquad (4.24)$$

式中：λ 为超声波信号的波长，r 是发射器的半径。超声波传感器会定期发送超声波信号。由于 r 是超声波发射器的固有属性，因此超声波发射器的波束角是固定的，超声波会接收波束角范围内的所有超声波，这也导致在进行超声波攻击时，进行攻击的超声波发射器必须在超声波测距仪的波束角内，否则超声波测距仪无法收到恶意超声波。

2. 超声波接收器原理

当发射的超声波信号到达障碍物时，该信号会发生反射现象，反射信号会返回到超声波接收器。该反射信号也被称为回波信号，回波信号通过匹配器后到达锥形共振板，此时会引起超声波接收器共振板的共振，通过压电晶片将其转换为电流，之后超声波传感器对回波信号进行滤波，以消除噪声并放大信号。过滤和放大后的信号根据预定义的阈值进行数字化以获得电路信号。工业界一般有两种信号放大的解决方案，即可变增益和固定增益。对于可变增益，信号按一定的比例进行放大，而对于固定增益，信号由预定义的常数放大。这整个过程发生在超声波传感器的内部电路中。

由以上分析可以看到，超声波接收器同样仅可以接收一定范围内的超声波信号。同时，这种经典的超声波接收器结构简单，没有能力分辨接收到的超声波是否为恶意人员注入的信号。因此超声波攻击比较难以防范，需要进行特殊的设计来保证超声波传感器的安全性。一般情况下，超声波接收器和超声波发射器之间的距离非常接近，甚至有一些超声波测距仪的发射器和接收器为相同的传感器，这导致超声波发射器发射超声波时，其接收器立刻就可以接收到超声波信号。

因此，在实际使用过程中必须设置一个“盲区”，来避免超声波接收器接收到的超声波为刚刚发射器发出的超声波直接引起的共振，盲区的大小即为超声波发射器发射超声波引起接收器共振的时间，与接收器振动余波的削弱时间之和。在这段时间内，超声波接收器无法接收到反射回来的超声波。超声波测距仪的盲区与超声波的功率、压电陶瓷的固有频率息息相关，一般来讲超声波的功率越低，其盲区越小。在一些场景下需要消除超声波测距仪的盲区，这会提高超声波传感器的成本。

因此，在民用汽车领域，一般采用将超声波传感器安装在车表面内一定距离的位置，传感器距离车表面的距离即为超声波传感器的盲区，这样即可避免盲区造成的影响，同时测得的距离减去盲区的距离即为车表面与障碍物之间的距离。某些实验中需要使用超声波传感器进行非常精确的测距，因此存在没有盲区的超声波测距仪。但由于主要针对民用领域的超声波传感器，且超声波传感器有无盲区对攻击检测的结果并没有影响，因此不考虑不带盲区的特殊超声波测距仪。

（三）超声波攻击原理及类型

当攻击者在特定的时间点向超声波接收器发射伪装成回波信号的恶意信号，即可成功欺骗超声波测距仪，完成针对超声波传感器的攻击。超声波传感器会定期发送超声波信号并接收即回波信号。通过计算信号发射与接收到第一个回波信号之间的时间差，来计算传感器与障碍物之间的距离。

因此，攻击者需要在目标传感器等待回波信号的特定时间段内注入恶意的超声波信号，这个时间段即为攻击的有效时间段。也就是说，恶意信号必须在回波信号到达之前到达目标传感器。超声波接收返回信号的方式比较简单，即利用超声波引起接收器压电陶瓷共振的现象。由其工作原理可知，一般的超声波发射器和接收器只能发送和接收固定频率的超声波，由此可见，超声波接收器无法判别接收到的超声波，究竟是正常的回波信号，还是攻击者发射的恶意超声波。这给了一些不法分子可乘之机。

为了进一步分析超声波攻击的特点，首先需要对攻击者能力进行分析。第一，攻击者没有物理访问目标超声波传感器的能力，因为这种攻击方法在现实中具有很高的难度和成本，且针对此类攻击的检测手段不应该在超声波传感器端，而是应该在上层应用中。第二，攻击者不想暴露自己，这意味着他们希望在没有受到注意的情况下进行攻击，因此不会使用大型的攻击设备。

基于此，根据攻击者是否了解目标传感器的相关信息将攻击者分为两类：无知识攻击者和有先验知识的攻击者。

第一种，无知识攻击者。无知识攻击者不了解目标传感器发送超声波信号的时间间隔，因此不了解注入恶意信号所需的确切时间。由于这种限制，这种类型的攻击者往往会在较短的时间间隔内连续地向目标传感器注入恶意超声波信号，通过高频率的攻击，使得某些信号在有效时间内成功地注入目标传感器中。但是，攻击者无法确定目标传感器是否已被成功攻击。

第二种，有先验知识的攻击者。有先验知识的攻击者会在准确、恰当的时间注入恶意的超声波信号。这种类型的攻击者知道目标传感器开始发送超声波信号的时间以及目标传感器等待回波信号的有效时间段。基于此，有先验知识的攻击者能够准确计算应该在何时注入恶意超声波信号。

例如，如果攻击者想把距离欺骗为 d'，并且知道目标传感器开始发送超声波信号的时间 t'，攻击者与目标传感器之间的距离为 L_{am}，则攻击者发送恶意的超声波信号的时间为：

$$T = t' + \left(2d'\right) / v - L_{am} / v \tag{4.25}$$

其中 v 是空气中超声波信号的速度。因此，攻击者可以根据自己的需要伪造超声波传感器测得的距离。

此外，由于目前超声波传感器所使用的超声波信号频率较为固定，一般均为 40 kHz，这个知识作为常识，无知识攻击者和有先验知识攻击者均了解。下一步，根据攻击者能力和攻击手段的不同，将超声波攻击类型划分为以下四种情况。

第一，干扰攻击。攻击者只需连续不断地向目标传感器发送同频率的强超声波信号，即可使超声波传感器停止测量距离，这种攻击称为干扰攻击。由于无论是否了解目标超声波传感器的相关知识，这种攻击都可以进行，因此无知识攻击者和有先验知识的攻击者都可以相对轻松地完成干扰攻击。

攻击者向目标传感器发送强超声波信号，导致的结果是，超声波传感器会把到障碍物的距离计算为无穷大或为零，这取决于目标传感器如何消除噪声。如果超声波传感器将连续接收到的超声波信号识别为噪声并将其消除，则其测得的距离是无限大。相反，当超声波传感器将其识别为回波信号时，测得的距离为零。在实际攻击中，干扰攻击会使得汽车超声波测距仪失效，即使车辆前方有障碍物，仍然无法检测到，因此，针对超声波传感器的干扰攻击也为事故创造了条件。

第二，简单欺骗攻击。攻击者也可以间断地发送超声波信号，使得传感器测得的距离短于实际的距离。为了达到这种攻击效果，恶意超声波信号必须在原始回波信号之前到达。

假设攻击者位于目标传感器的前方，距离为 d，此时目标传感器测得的实际距离应为 d，即传感器到攻击者之间的距离，此时传感器测量所需要的时间即为。

$$t_{\text{measuring}} = 2d/v \tag{4.26}$$

如果攻击者在特定的时间发送超声波信号，且保证恶意信号在超声波传感器接收到正常回波信号前到达接收器。由此导致的结果是，目标传感器测得的距离比实际的距离短。另一方面，如果在第一个有效期内未收到攻击者发送的恶意信号，只有攻击者发送超声波信号的周期足够短，随着时间的流逝，恶意信号总可以在原始回波信号之前到达目标传感器。

简而言之，这种欺骗攻击的方式旨在大幅度缩短传感器测得的距离，主要依赖在短时间间隔内多次发射恶意信号，这样才能保证恶意信号先于正常的回波信号到达超声波接收器，即使这种情况仅发生一次，攻击者也可以成功欺骗传感器，使其测得较短的距离。但是，这种方法不能保证伪造的距离是攻击者想要的值，由于不需要系统相关的信息，因此无知识攻击者和有先验知识的攻击者均可完成这种攻击。

第三，高级欺骗攻击。高级欺骗攻击的一种更复杂的攻击方法，其原理是在准确的时间向目标传感器注入恶意信号，并伪造攻击者期望的距离。这种攻击只能由有先验知识的攻击者发出，主要步骤是攻击者在超声波传感器发射超声波后，根据其期望的攻击距离，计算出超声波所需要的回波时间，然后在恰当的延迟后向超声波传感器发射恶意信号，使得目标传感器测得的距离恰好为攻击者所期望的距离。相似的是，这种攻击方法也只能使得超声波传感器测得的距离减小，并且对攻击者的要求非常高。

第四，延长距离攻击。通过一些手段，有先验知识的攻击者也可以让超声波测距仪测得的距离比实际的距离远。要达到此目标，攻击者需要移除回波信号，并同时将精心设计的恶意超声波信号注入目标传感器，使得目标传感器接收到比回波信号到达的时间更晚的恶意超声波信号，导致其测得的距离要比原始距离长。

目前，消除真实回波信号的方法一般有两种，第一，通过发送相位与真实回波信号完全相反的超声波信号。这种方法可以引起真实回波信号和恶意超声波信号相叠加，从而使真实回波信号的相位为零，但这是一种以目前的技术手段很难实现的方法，存在两个难点。首先在实际攻击过程中，攻击者很难在很短的时间内测量并计算得到回波信号的相位，其次攻击者需要在准确时间点发送相位完全相反的恶意超声波信号，这个难度非常高，因此这种攻击方法仅存在理论上的可能。第二，使用吸声材料消除真实的回波信号。在这种方法中，使用的吸音材料大多为疏松多孔的材料，如矿渣棉、毯子等，同时攻击者需要使用足够大面积的吸音材料来保证回波信号被完全吸收，这导致此种攻击方法非常容易被发现，且成本很高，在现实生活中不太可能会出现。

四、多传感器信息融合

（一）多传感器信息融合的原理

多传感器信息融合是对两个及其以上数目的传感器的信息进行深层次、多角度、多空间的处理和优化，利用融合多个传感器的信息使整个系统所测得的数据更具有综合性与可参考性。针对来自不同空间和时间多种传感器的信息，多传感器信息融合通常使用数学方式与处理数据的技术来对这些信息全面处理，筛除各传感器检测到没有用的数据，对有用有效的数据进行放大，得到和被观测对象一致性的模型。多旋翼无人机飞行的环境是复杂多变的，往往用单一的传感器难于准确探测障碍物，单一传感器所传给多旋翼无人机系统的数据很有可能是不够准确甚至有可能是错误的数据。在此针对多旋翼无人机避障系统设计选用激光雷达 RPLIDAR 和毫米波雷达 UAV-R20 协同合作，对环境信息进行探测。多传感器信息融合和单一传感器相比往往具有下面的一些优点。

1. 提高了系统的鲁棒性

多个传感器一同工作，如果其中有个传感器进行了误判，整个系统不会因误判的传感器而丧失系统本有的功能，系统会利用其他传感器获取相关数据，维持系统正常工作。

2. 降低系统的不确定性

多个传感器一同工作，尽管在探测信息时候存在差异，但信息融合会降低检测信息的不确定性。

3. 增强了系统的可信程度

多个传感器一同工作能优劣互补，取长补短，减小出现错误数据的可能性。

4. 扩大时间和空间的涵盖范围

时间上，如果其中一个传感器在某个时间未获得数据，多传感器一同工作，其他传感器有很大概率去弥补该传感器在这一时刻未获得的检测数据。空间上，如果某一种传感器由于自身的限制，无法去探测某块区域的数据，多传感器一同工作就有很大概率去弥补该传感器在空间上的缺失数据，从而扩大系统的时间和空间范围。

5. 降低信息的模糊度，改善系统分辨率

多传感器一同工作，能够多方位的获取检测目标的信息，有效降低获得信息的模糊 程度，相较于单一传感器，可使系统获得更高的分辨率。

（二）多传感器信息融合的基本内容

1. 多传感器信息融合的结构方式

多传感器结构方式能够分为三类，串联融合，并联融合与混合融合。

（1）串联融合方式。

串联融合是把上一级传感器的输出作为下一级传感器的输入。此融合方式往往会导 致前面的传感器对后续传感器有很大影响。串联融合方式示意图如图 4-12 所示。

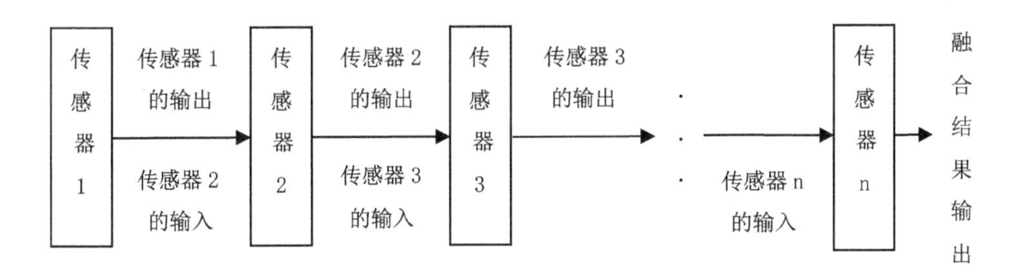

图 4-12　串联融合方式示意图

（2）并联融合方式。

并联融合将每级传感器的输出的信息进行统一信息融合再输出结果，每级传感器之间各自独立。并联融合方式示意图如图 3-2 所示。

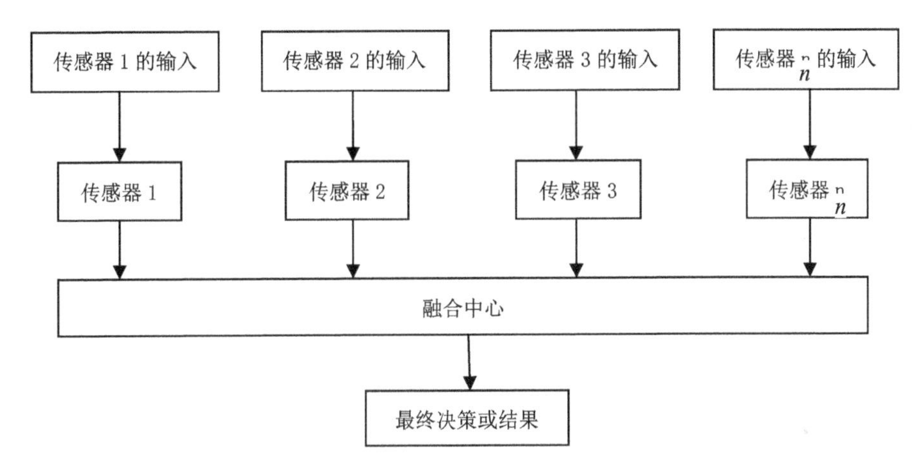

图 4-13　并联融合方式示意图

（3）混合融合方式。

混合融合既有串联融合方式特征也有并联融合方式特征。混合融合方式示意图如图 4-14 所示。

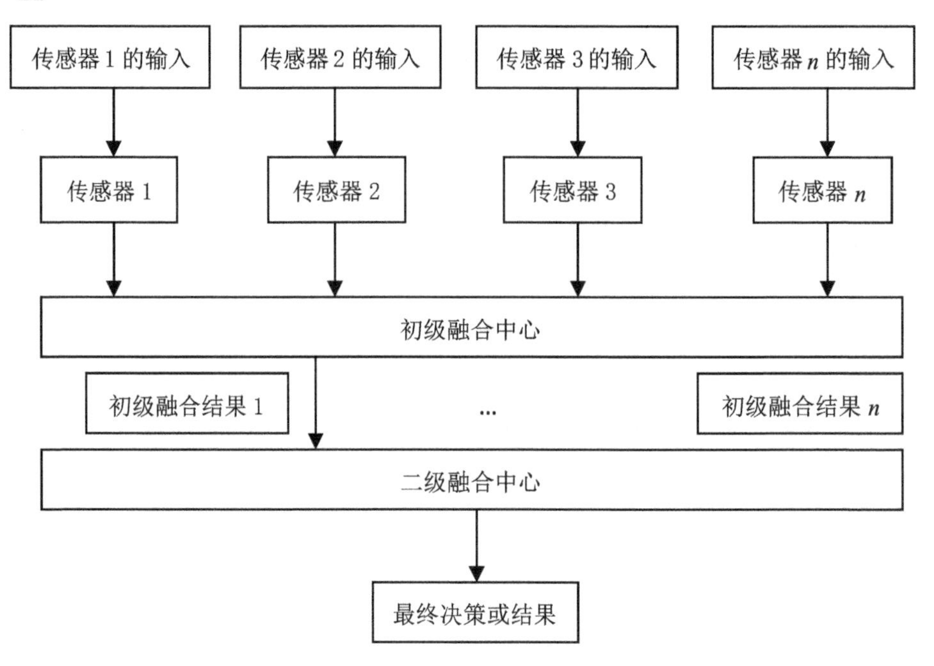

图 4-14　混合融合方式示意图

2. 多传感器信息融合的融合层次

多传感器融合层次主要是取决于多传感器信息的处理是在哪个阶段发生的，通常将多传感器的融合层次分为：数据层，特征层与决策层。

（1）数据层信息融合。

数据层信息融合属于最底层的信息融合，融合的结果仍属于数据层，数据层能留存尽可能多的原始数据，优点是数据损失少。随之而来有一定缺点，数据量庞大，需要耗费一定的时间去处理，对信息的一致性要求较高，并且需要整个系统具有一定的容错性，可以解决数据的不确定性等问题。数据层融合示意图如图 4-15 所示。

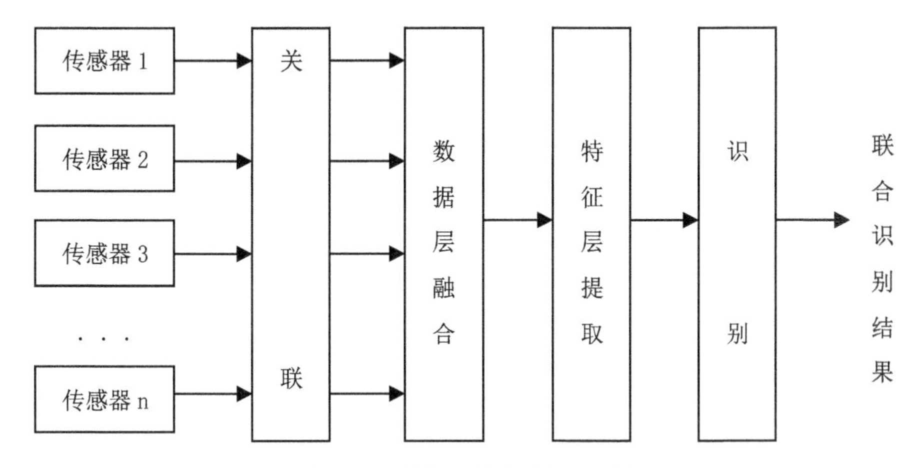

图 4-15　数据层信息融合示意图

（2）特征层信息融合。

特征层信息融合属于中间层信息融合，在特征层进行信息融合之前需要对传感器获得的数据进行特征提取。特征提取的这一过程虽然会造成一定数据的损失，但提取后的数据于系统而言更为最重要，特征提取可以提高数据的实效性。特征层信息融合示意图如图 4-16 所示。

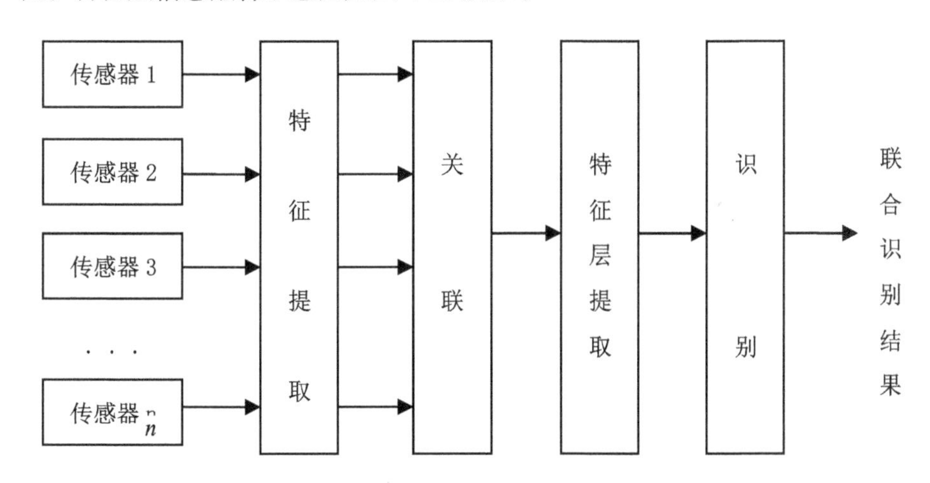

图 4-16　特征层信息融合示意图

（3）决策层信息融合。

决策层信息融合属于最高层的信息融合，灵活性高，能够从各个方面反映不一样的特征决策信息，稳定性高，实时性好。决策层信息融合是将每个传感器信息处理后的结果作为融合的输入，因而在融合过程中信息丢失情况也会比较严重。决策层信息融合示意图如图 4-17 所示。

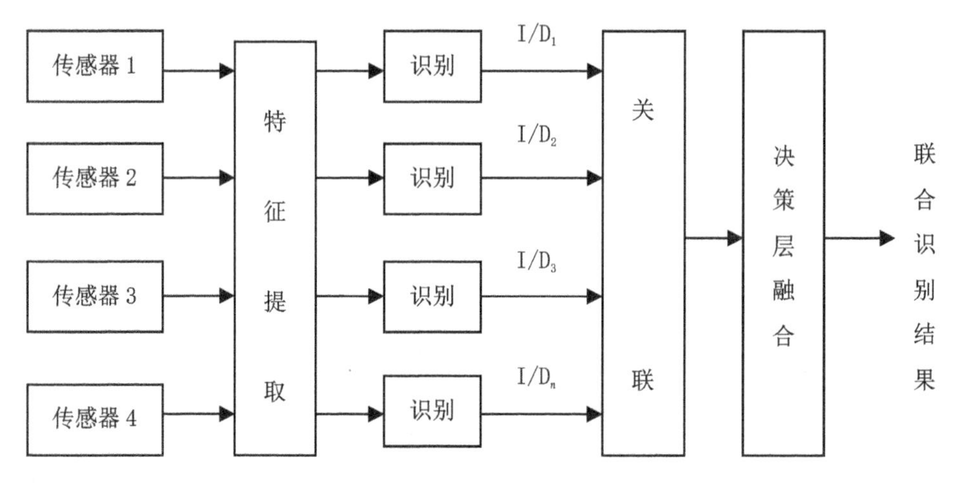

图 4-17　决策层信息融合示意图

3. 多传感器信息融合的融合方法

多传感器最终得到信息是否具有准确性，全面性，不仅取决于传感器自身的性质还需取决于融合算法的选用与设计。常用的融合算法能够分为人工智能法，推理方法，分类方法和估计方法。在估计方法大框架下，针对单一避障传感器容易出现探测不到或者误识别的情况，提出了一种融合算法，基于二步延迟自适应时空信息融合算法。选用更多的激光雷达和毫米波雷达探测环境的历史信息完成数据处理，进行信息融合工作，使融合的数据精度更高，均方误差更小。

第五章 智能移动机器人的平台设计

近年来，随着机器人技术的发展，移动机器人在科研、航空航天、工业、农业、家庭服务等各个领域都发挥了重要作用，达到了节省人力、提高效率的目的，同时也保证了操作者的人身安全。本章分为车体结构设计、控制系统总体、多机通信协议三部分。主要内容包括：移动机器人轮系结构设计、移动机器人移动结构、系统需求分析、系统方案设计、整体控制平台、视觉导航系统等方面。

第一节 车体结构设计

一、移动机器人轮系结构设计

根据运动方式，移动机器人可分为轮式、履带式、足式三种运动方式。轮式移动机器人具有机械结构简单，控制相对容易等优点，因此机器人的平台设计均采用“轮式结构”。轮式结构的移动机器人应用广泛，一般有三轮，四轮，六轮的结构设计，其转向装置结构主要有两种方式[①]。

①铰轴转向式：转向电机通过减速器和机械连杆机构控制铰轴从而控制转向轮的转向。

②差动转向式：小车左右轮由独立的电机控制，通过控制左右轮的速度比来实现车体的转向。通常匹配一到两个自由轮。

由于差动转向式机械结构较简单，稳定性较好，在转向时相对于地面的滑动较小，本系统采用三轮差动转向式，其中左右两轮为驱动轮，后轮为随动轮。虽然这种移动机构的负载能力和平稳性比四轮机构差，本系统采用车身配重来解决这一问题。

---

① 张涛 . 机器人引论 [M]. 北京：机械工业出版社，2017.

二、移动机器人移动结构

由于驱动轮应具有较大的驱动能力便于进行速度、位置控制，采用直流无刷电机驱动。随动轮由驱动轮带动。底盘两侧安装集成有直流无刷电机和光电编码器的两套伺服系统。选择合适功率，扭矩和转速的电机对轮式移动机器人的驱动至关重要。对电机功率、扭矩、转速的估算如下①。

①轮式机器人直流电机的功率：考虑轮式机器人在平面上行驶，μ 是摩擦系数在这里取 μ=0.3，机器人的质量初步定为 m=30 kg，机器人的移动速度定为 v=0.3 m/s，加速度为 α=0.1 m/s²。所以克服摩擦力要有 $f=\mu mg$=0.3 × 30 × 10= 90 N 的力。加减速的时候至少要有 $F=ma$=30 × 0.1 N=3 N 那么机器人的功率至少是 P=（$F+f$）v/2=93 × 0.3/2=13.95 W。考虑其他功率的损失，设安全系数是 2。那么电机的功率是 27.9 W。这里取机器人驱动电机的功率为 30 W。

②电机的扭矩：由于本移动机器人的轮子半径是 5 cm。单个轮子受到的驱动力要大于（$f+F$）/2=46.5 N。那么减速箱输出扭矩至少需要 T=46.5 × 0.05=2.325 Nm 设安全系数为 1.5，那么电机的扭矩是 3.5 Nm。

③计算经过减速器后的转速：机器人的轮子半径是 5 cm，速度为 0.3 m/s。那么轮子的转速为 w=60v/2πr=0.3 × 60/3.14 × 0.05 × 2=57 r/min，所以转速在一分钟 60r 左右。负载电流是 2.21 A。

第二节　控制系统总体

一、系统需求分析

为了达到在提高生产效率的同时，还要降低其成本的目的，对传统的制造商来说生产自动化是一个较好的改革方式。而在企业寻求升级优化方式的摸索中，移动机器人有着举足轻重的地位，所以不仅能够自主地把货物从一个车间搬运到相应的作业流水线上，而且还能进行相应的分拣作业的自主移动机器人已经是人们关注的焦点。而紧跟着相关传感领域的持续发展，对移动机器人系统的智能化要求继续提高。不仅要求其能够实现基本的作业代替，更重要的是实现自我识别、自我决策等功能。一方面要实现目标识别和跟踪功能，另一方面还有实现对机器人平台的控制。基于此，设计出一套移动机器人控制系统，

① 李磊，陈细军，候增广，等．自主轮式移动机器人 CASIA-I 的整体设计 [J]. 高技术通信，2003（11）：51-55.

将视觉处理单元、移动机器人平台以及工业机器人控制系统相结合，实现目标的自动定位、移动机器人的视觉导航、目标的精准抓取。需要解决的问题包括以下几点。

①提取模板目标特征，能够在周围环境内识别对应目标；

②获取周围环境的三维信息，得到对应目标的三维坐标；

③控制机器人的轨迹，使其移动到目标位置，并实现抓取操作。

二、系统方案设计

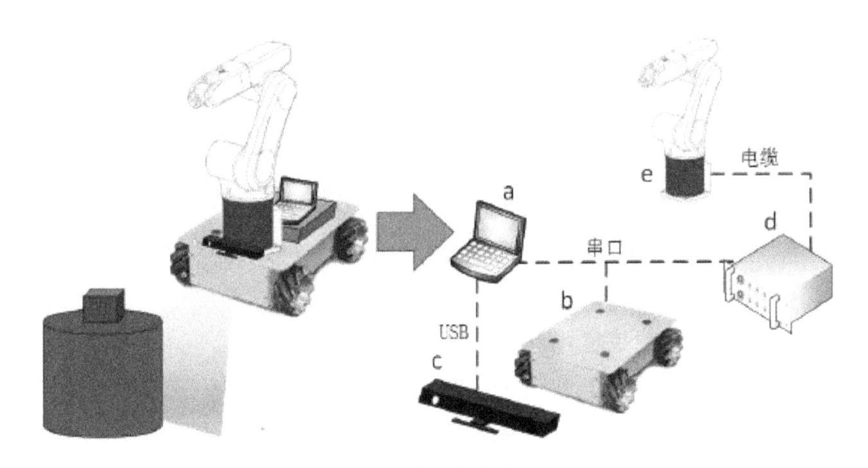

图 5-1　系统总体方案示意图

a—核心控制器；b—移动机器人控制平台；c—视觉传感器；d—工业机器人控制器；e—工业机器人。

如图 5-1 所示，为移动机器人控制系统的总体方案示意图。该方案是一个典型的基于视觉导航的移动机器人控制系统。与传统的相比，其主要特点是引入了视觉导航系统以及工业机器人控制系统。该系统采用一体式设计，用移动机器人平台搭载视觉传感器、核心处理器、工业机器人以及其控制器。使用视觉传感器 c 获取外界环境信息，经过视觉导航系统处理，得到目标在周围环境里的三维坐标，从而引导机器人做出相应的轨迹控制，实现相应的功能动作。

建立上述移动机器人控制系统主要需要解决以下两个问题，第一，搭建整个系统控制平台。一个完整的移动机器人控制平台，首先要进行核心控制器、视觉传感器、移动机器人控制平台、工业机器人等硬件架构的建立。第二，视觉导航系统的建立，通过分析可以得到该系统单元是本节方案之核心，其主要功能就是给机器人控制系统提供目标的空间坐标信息，引导机器人完成相应的功能作业。

三、整体控制平台

（一）视觉传感器选择

作为移动机器人系统的重要组成部分，通过对外界的音像、温湿度、化学构成以及各种不同的信息的采集，传感器不仅能够提供视觉以及听觉上的仿生效果，而且具有多样的应用场景。传感器一方面可以协助移动机器人对周围环境中的目标对象进行辨别，另一方面在识别之后获取两者间的相对位置。在进行有关移动机器人系统的开发中，常用的传感器可以通过不同的方式实现对外界的感知，如碰撞、激光雷达、无线电雷达以及视觉等。

碰撞传感器是最简单的传感器之一，一旦发生碰撞，它就能及时“告诉”机器人已经和障碍物相撞，但机器人碰撞带来的较高的危险系数，让其一般会被作为限制开关；激光雷达传感器通过激光脉冲获得环境深度，来帮助机器人了解周边环境，但成本太高、不能识别透明材质；无线电雷达（ESR）利用对波束扫描方向的调节来采集外界环境的信息，但多次反射，会带来收回数据的偏差；视觉传感器，通过光学元件与成像装置的组合，来采集周围环境的相关的图像数据，其准确度取决于分辨率以及目标和视觉传感器之间的距离，而且视觉传感器不仅价格低廉，还具有非常好的通用性、易用性。

而且在一个经典的视觉感知系统中，一般图像采集系统所用到的视觉传感器可以分为用 CMOS 系列以及 CCD 系列。作为 CMOS 系列的一种，微软推出的 Kinect 传感器也得到大范围的使用。而且在机器人有关研究的领域中，已经有许多研究者，从理论或者应用角度上，对 Kinect 展开研究。如搭建了一个基于 Kinect 导航与定位系统，并用在移动机器人系统中，提出了一个基于 Kinect 的避障系统，能够实现对外界环境中障碍物的检测。作为一款同时配有 RGB 摄像机以及红外深度摄像机的视觉传感器，Kinect 与传统的捕获二维图像的 2D 镭射传感器相比较，Kinect 在成本较低的同时，还具有实时采集外界环境的 3D 图像的特点。而同时与其他的立体摄像机相比较，Kinect 的优点则突出在其对运算功耗的要求比较低。所以在机器人相关的领域，Kinect 也得到比较大范围的研究。

综上所述，因为需要对目标进行跟踪，而且还要获取目标的三维坐标，因此选择视觉传感器来搭建感知系统。并且通过对比，系统的视觉传感器选定为

Kinect 2.0 视觉传感器。

（二）核心处理器选择

由于要在核心处理器上完成系统图像处理、视觉导航、上位机界面等软件平台搭建，所以核心处理器的配置需要符合图像处理的速度要求、满足整体系统设计的需要。工控板的扩展性比较好，能够支持各种控制系统、传感模块等外部设备的扩展，从而适应多样的工业场景；同时其软硬件的兼容性也比较高，不仅可以安装各类操作系统，而且还支持多数编程语言以及能够实现多任务操作的系统。因此工控板，为能够充分使用相关的第三方所积累的软件或者硬件资源，提供了良好的平台基础。

鉴于在工控板上将完成系统图像处理与视觉引导任务，工控板的配置需符合图像处理速度、满足整体系统设计要求。所以选工控板为系统的核心处理器的主要配置参数如表 5-1 所示。

表 5-1　工控板主要配置参数

配置	参数
CPU	Intel BayTrail J1900 四核处理器具有 2M 二级缓存、主频达 2 GHz（最大可睿频至 2.41 GHz）
内存控制器	DDR3L、1 333 MHz、8 G 内存
硬盘	64 G 固态硬盘
接口	网络接口，串口，USB2.0*2，USB3.0*2 接口等

（三）机器人平台介绍

1. 移动机器人平台构成

对于移动机器人平台的选择，在此使用的是成都航发公司推出的四轮全向 CMA20 系列的机器人平台，是该公司集性能和可靠性于一身的代表产品。这类机器人平台完全按照工业级产品的标准来进行设计，从完整性、扩展性、可靠性、易用性以及各方面性能角度，其完全可以为开发人员提供一个高性能而且耐用的机器人平台。

机器人平台的轮系是由特有的四个 45 度全向轮构成，均为该公司自主研发的 CMA20 系列全向轮。CMA 系列的麦克纳姆轮（Mecanum Wheel）不仅能够承受高达 3100 kg 的负载，而且还达到优良的精度水平。与传统的轮系相比较而言，CMA20 轮系机器人平台可以进行横向移动、纵向移动、平移和自转结合的一些特殊运动功能。平台的底盘使用了全钢铸造的工艺，而且驱动电机由 4 个 240 W 大功率的空心杯直流电机组成，所以平台额定的载重达到 100 kg。同时通过 4 组的伺服驱动器的协调，因此其运动控制器可以实现多种不同的运动控制功能的内部集成。车身周围分布着 16 路超声测距传感器，支持多种接口的通信模式，例如无线遥控模式、CAN 总线模式和 RS232 通信模式等。

2. 工业机器人系统构成

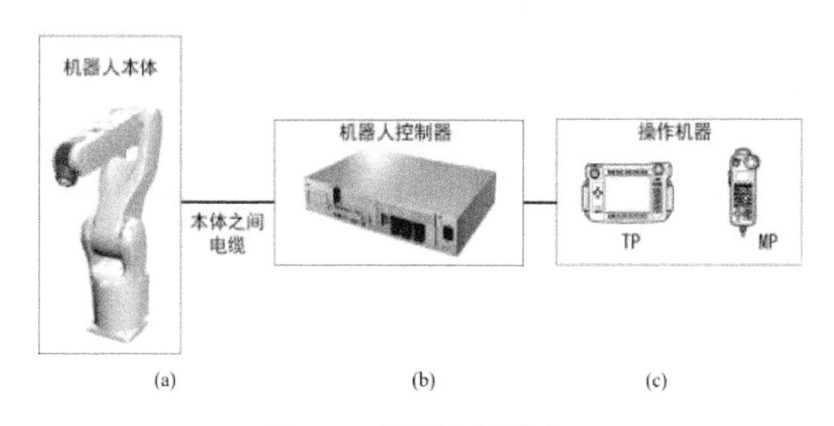

图 5-2　工业机器人系统构成

（a）机械手；（b）机器人控制器；（c）多功能教导器。

如图 5-2 所示，机器人的标准组件为机器手、控制器和配套的多功能教导器（示教器）构成。示教器（c）通过数据线与机器人控制器（b）连接，同时机器人控制器（b）与机器手（a）经由主体间电缆相连。对于作为本系统中进行抓取的最终执行机构，需要有比较高的稳定性以及作业精度的保障。因此，选用 DENSO 小型六轴多关节 VS 系列工业机器人，外形小巧精致、马力强劲，能够提高夹治具设计的自由度。机械手的手臂的轻量化以及 AC 伺服电机的高输出化，使其的运行速度达到同类型最高级别。机器人的最大搬运重量达 6 kg（手腕姿势朝下时 7 kg），最大工作范围约 710 mm，其运行的合成速度可以高达 11 m/s，与常规关节式机器人相比较而言，要快几倍。此外其实现的轨迹控制功能还能够达到高精度标准，而且重复定位的精准度能够达到 0.02 mm。如图 5-2（b）所示，机器人控制器选用的型号为 RC8。配有主计算机，能够执行高级控制算法，同时能够控制多个伺服电机，进行协同运动的路径规划。经由主体间电缆，本文所用的机器臂，在 RC8 控制器控制下运行。其次，通过使用电装机器人语言 PacScript 进行编程，在此所使用的示教器不仅可以控制机器臂，而且能够完成相应的教导。如表 5-2 所示，RC8 控制器具有多个连接器，因此不仅仅使得 RC8 型控制器具有丰富的外部扩展能力，也为系统的集成、再开发提供了更多的可能。

表 5-2　RC8 控制器主要连接器列表

名称	用途
Mini I/O 通用 / 专用连接器	提供专用的以及通用的输入、输出 I/O 控制
Hand I/O 用连接器	
教导器用连接器	安装多功能教导器和小型教导器
Ethernet 用连接器	用于通过 Ethernet 线路与外部机器通信
USB 用连接器（2 次线）	可连接 U 盘及 USB 设备
RS-232C 串行通信用连接器	用于和外部机器进行串行通信

（四）控制方案设计

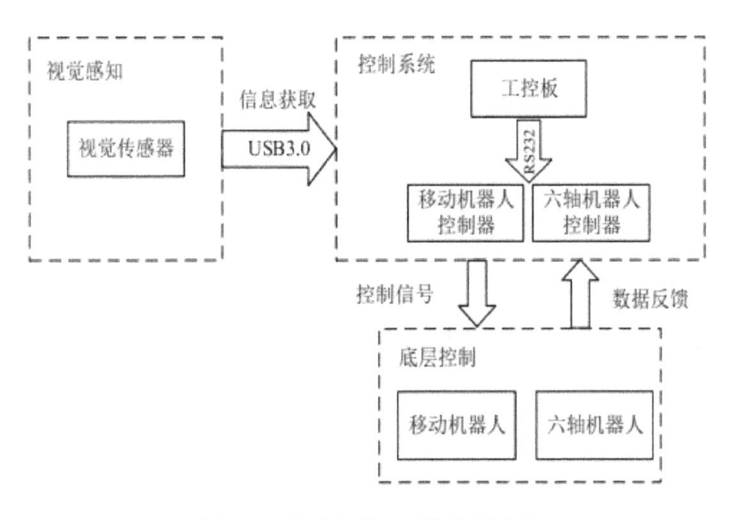

图 5-3　移动机器人系统控制方案

通过系统方案设计以及控制平台硬件选型的介绍，已经充分了解系统的基本组成。因此，将就系统的控制方案进行详细描述。

如图 5-3 所示，是移动机器人系统的控制方案框图，分为三个单元。视觉感知单元，主要由视觉传感器组成，能够实现移动机器人系统对外界环境信息的采集，并通过 USB 3.0 将数据传输核心处理器；控制系统单元，以核心处理器工控板为主、移动机器人控制器以及六轴机器人控制器为辅组成，核心处理器通过 RS232 串口与两个机器人控制系统进行通信，能够实现移动机器人系统对采集到的视频序列的处理以及对机器人平台的控制；底层控制单元，以移动机器人和六轴机器人为主要组成部分，能够实现响应控制系统的控制信号并完成相应动作，以及相关数据的反馈。首先控制单元进行系统初始化，工控板向视觉传感器和两个机器人控制单元发送初始化信息，初始化完成后系统进入工作就绪状态。通过系统上位机交互界面的开始按钮，视觉传感器开始采集图像。然后核心处理器，立即处理视觉感知单元传来的实时图像。通过相关视觉算法完成对实时图像中目标的识别、跟踪以及三维信息的获取，并将坐标信息发送给机器人控制系统。移动机器人控制系统控制移动机器人平台移动到目标相应位置，六轴机器人控制系统控制六轴机器人完成相应抓取动作。

四、视觉导航系统

（一）导航控制方案选择

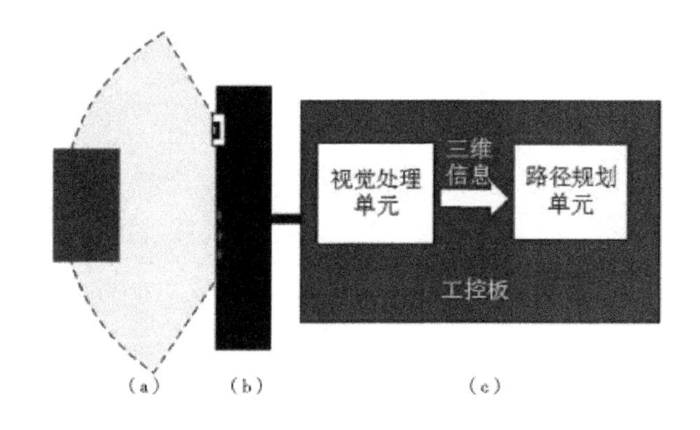

图 5-4　基于视觉传感器的导航控制方案

a 为目标物体；b 为视觉传感器；c 为核心处理器（工控板）。

移动机器人系统的研究领域中，系统的导航控制方案可分为以下几种：基于环境信息的地图模型匹配导航、基于路标导航、基于视觉传感器导航等。

①基于环境地图模型匹配的导航方案，是在移动机器人工作前，在其内部存储关于事先准备好完整的环境信息数据，并预先通过相关算法，规划出的一条比较优秀的全局路线。然后再通过一定的路径跟踪以及避障算法，从而完成移动机器人的导航。

②基于路标的导航控制方案，即事先将环境中做好带有与外在环境存在较

大差异的标记，并将这些标记以特定的数据形式保存在移动机器人系统的内存中，然后通过对外在环境中的路标的检测，移动机器人便可以实现相应的路径规划。这样便能够将全局的路线分解成一个一个的路标点，再由点及面，最后通过一系列的路标检测以及路标引导，来实现移动机器人的导航功能。

③基于视觉传感器的导航控制方案，当在移动机器人在完全未知的环境信息情况下，能够使用视觉传感器对周围环境的图像数据的采集，并进行一定图像、视觉处理获取目标彩色数据、深度数据以及三维坐标，实现对目标的精准定位，从而实现机器人导航。鉴于功能需求分析，而且基于视觉传感器的导航控制方案更加灵活，能够适应复杂的开放性的环境。因此，采用基于视觉传感器的导航控制方案，在移动机器人平台前端安装一个视觉传感器，结合核心处理器，完成视觉导航控制系统的方案选择。

（二）视觉系统标定

作为视觉系统设计的重要组成部分，视觉系统标定将直接影响视觉系统的三维信息获取以及测量精度。如图 5-5 所示，为双目立体视觉系统标定，即通过分别对彩色相机和深度相机进行视觉标定，获取两者的内外参数以及两者间的平移旋转矩阵，然后将标定的结果导入视觉处理系统中，视觉处理系统根据标定的结果来确定彩色相机以及深度相机的对应关系以及校正相机的畸变，最后完成彩色图到深度图的配准，获取三维信息。

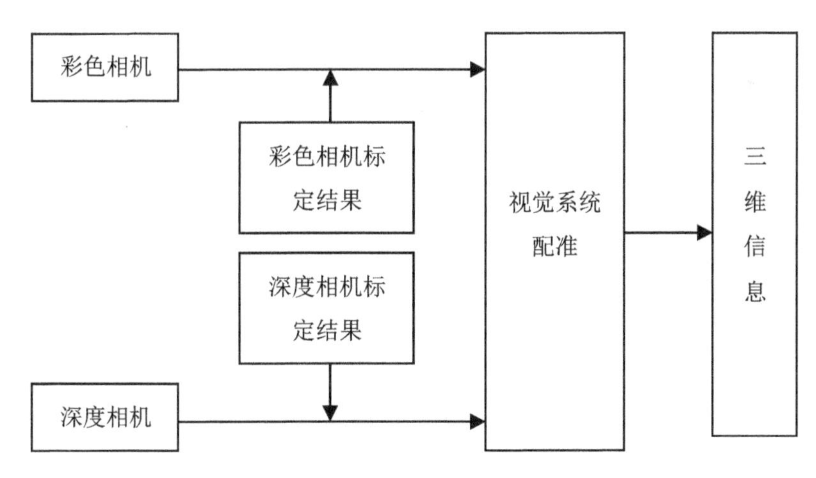

图 5-5　三维视觉系统标定框图

在此选取的 Kinect 2.0 视觉传感器，为一款同时配有 RGB 摄像机以及红外深度摄像机的视觉传感器。这使得视觉系统与双目立体视觉系统在某些程度上类似，所以也要从RGB摄像机、红外深度摄像机的标定外加彩色图像和深度图像的配准这三个方面，来完成对Kinect传感器的标定。在此选取“张正友标定法”来完成对Kinect传感器的标定。在1998年，以针孔模型为基础的张正友标定法，被张正友教授提出。简单地说，就是一种通过平面棋盘格来实现对摄像机标定方法，因此也叫平面标定法。

（三）目标跟踪

1. 跟踪目标的特征表示

也就是选取适当的特征来描述相应的目标，在实现目标跟踪过程中是非常关键的一步。最适当的特征包含一定的判别性，从而能够便于从背景里辨别相应的目标，基本的特征有：颜色，在一系列的表示空间中最经常被使用的为RGB空间，而HSV则为一类近似均匀的表示方式；边缘与梯度，是一种不容易受到光照变化影响的特征，通过一些类似Canny算子的边缘检测算法，是对其进行有效的提取；光流，描述着像素的密集位移形成的向量场；纹理，用来对图像的部分区域所呈现的亮度变化性质进行描述。

2. 跟踪目标匹配

也就是根据事先采集到的目标模板，来进行相应的匹配搜索算法，并在一帧图像中搜索跟目标模板最接近的区域的过程。如果在给定跟踪目标以及相应的特征描述之后，通过匹配算法，对图像中的目标进行跟踪。

3. 跟踪目标的运动模型

运动模型主要是利用跟踪目标的运动信息来校正目标当前的运动参数，并预测目标未来的运动趋势。比较常用的有卡尔曼滤波器（Kalman Filter）、粒子滤波等。

在此需要实现目标的自动定位、移动机器人的视觉导航、目标的精准抓取。因此选用颜色作为目标跟踪的特征，选用Camshift作为目标匹配算法。又因为目标为静止的，所以并未涉及跟踪目标的运动模型研究。

第三节　多机通信协议

一、SDS 协议简介

SDS 即智能分布式系统协议，是 1994 年由 Honeywell Micro Switch 部推出的基于 CAN 总线标准的应用层协议，该协议提供针对设备级控制的报文和服务，可以是扫描，主从或对等通信[①]。

SDS 协议有两种基本形式，一种为短帧结构，另一种是长帧结构。可选用分段和不分段两种长帧结构。当数据量不大于 6 时，不分段。否则分段。

①方向 / 优先权。该位的意义由服务类型决定，当服务类型为读、写、活动，事件和连接时，优先权决定随后的逻辑地址究竟是源地址还是目的地址。例如，如果该位为 1，则逻辑地址就表示为源地址；若该位为 0，则逻辑地址就表示为目的地址。

②逻辑地址。即各节点地址，其值可以从 0~125，即最多可有 126 个节点。

③服务类型。服务类型包括通道（Channel），连接（Connection），读，写，活动（Action），事件（Event）六种，如表 5-3 所示。

表 5-3　服务类型

服务类型	值	编码		
通道	0	0	0	0
连接	1	0	0	1
保留	2	0	1	0
保留	3	0	1	1
写	4	1	0	0
读	5	1	0	1
活动	6	1	1	0
事件	7	1	1	1

④数据长度码（DLC）。用于指示 CAN 的数据字节数，在长帧结构中，

① 曹正平．一种经济实用的 CAN 总线智能分布式系统 [J]. 自动化博览，2001（04）：13-15.

最小为 2 个字节，最大为 8 个字节。一次最多传输 6 个字节数据。

⑤服务形式。该部分包括请求响应方式和分段指示位，请求 / 响应方式由第 6 位和第 7 位决定。如表 5-4 所示。

表 5-4 请求 / 响应方式

请求 / 响应方式	值	（位）7	6
请求	0	0	0
成功响应	1	0	1
出错响应	2	1	0
等待响应	3	1	1

请求：表示向服务提供者申请一个服务。

成功响应：用于通知发送方，其请求服务已成功完成。

出错响应：用于通知发送方，其请求服务出错。在随后的数据的一个字节将有错误码，可根据该错误码，判断错误类型。

等待响应：用于通知发送方，其请求服务未能在最小时间内完成。需等待一段时间才能完成。在等待时间（X）由随后的数据第一个字节表（N），X=N·10 ms，允许的等待时间范围为 0.01 ～ 2.55 s。

分段指示位（DS）用于指示该帧是否为分段的长帧结构，若该位为 0，则表示为非分段结构，为 1 时为分段结构。

⑥嵌入式对象标识符。用于区分在一个逻辑设备的不同嵌入式对象，用于除连接外的所有服务中。

⑦服务参数。它与服务类型有关，当服务类型为读或者写时，服务参数指的是读或者是修改的属性标志符。

⑧数据。在非分段结构下，最多为 6 个字节。

当传送的数据超过 6 个字节时，采用分段长帧结构，此时，分段指示位要置 1。每帧带有段号，对第一段数据，段号为 0，每次加 1，连续编号。除最后一段外，其余段所带的数据必须为 4 个字节。

二、通信协议设计

（一）传感器模块的对象，属性定义

传感器模块有两个对象：对象 0 和对象 1（超声传感器、红外传感器），

本系统并未安装红外传感器，为了平台的可扩展性，为红外传感器预留对象号。

传感器模块的每个对象有（0 ～ 255）共 256 个属性。传感器模块由 8 个超声传感器组成超声波环，从左至右分别编号为（1 ～ 8）。属性字节里的每个位代表传感器编号，当该位为 1 时，后带参数的对应位置里有该传感器的读数。选择各字节对应的传感器号：属性（BYTE）8，7，6，5，4，3，2，1。

后带的参数按照传感器的编号从低到高依次排列。在解释帧信息时，可以通过判断属性对应位是否为 1，把参数值和传感器的编号对应起来。

例如当属性字节为：

属性	0	0	1	0	1	0	0	1

表示后面带三个参数，三个参数的顺序排列为 1，3，5 号传感器的读数。此时它的属性号为 41。

参数值和传感器编号的对应方法如下：

①从参数数组取出第一个参数值。

②判断属性字节的第 0 位是否为 1，不为 1，则左移，直到取到为 1 的位。记录移动的次数则可以把参数值和传感器的编号对应起来。

③重复上述过程，把参数的值和传感器的编号一一对应。

（二）电机模块的对象，属性定义

电机控制模块有 3 个对象：对象 0，对象 1，对象 2（电机，编码器，电子罗盘），本系统未安装电子罗盘。为电子罗盘预留对象号。

对象 0（电机）有 3 个属性：属性 0，属性 1，属性 2（左电机速度，右电机速度，左右电机速度），由于本系统的电机通过 8 位 D/A 进行调速，速度信息占用一字节。

属性 0（左电机速度）：帧结构后带一个参数，实现对左电机的速度控制。

属性 1（右电机速度）：帧结构后带一个参数，实现对右电机的速度控制。

属性 2（左右电机速度）：帧结构后带两个参数，组成左右电机的速度信息，参数的排列顺序为左电机在前，右电机在后，实现对左右电机同时控制。

对象 1（编码器）有两属性：属性 0 和属性 1（左轮行走的距离，右轮行走的距离），本系统采用 HCTL2020 读取编码器的信息，该芯片提供 16 位的读数，帧结构需要两字节的参数表示距离信息。

属性 0（左轮行走距离）：帧信息后带两个参数，参数 0 和参数 1，参数 0 为编码器读数的低字节，参数 1 为高字节。组成两字节左轮距离信息。

属性 1（右轮行走距离）：帧信息后带两个参数，参数 0 和参数 1，参数 0 为编码器读数的低字节，参数 1 为高字节。组成两字节右轮距离信息。

对象 2（电子罗盘）有一属性，属性 0（电子罗盘方向信息）

属性 0（电子罗盘方向信息）：后带两参数，为 X 轴，Y 轴方向角信息。参数 0 为 X 轴的方向角信息，参数 1 为方向角 Y 轴信息。

SDS 提供的 6 种服务类型，根据项目需要，只用到读，写，事件三种服务类型。在本系统中，做如下规定：对于三种服务类型，读，写服务是一对一的，事件服务为一对多，即当某个模块发出事件帧时，其他所有模块都要接收。

第六章　无人机在遥感技术中的应用

无人机机载传感器主要有雷达与红外等，目的是能有效识别感兴趣的目标，也就是说，目标需要占有较多的像素以便识别。另外，机载传感器还需 -- 定的精度来确定目标在大地坐标系下的位置，以完成目标检索等任务。本章分为传感器的安装、传感器的分辨率、机载设备的精度、地理信息综合精度四部分。主要内容包括：传感器的安装、各类基础传感器在无人机上的应用、视觉和激光雷达传感器、无人机平台的选择与搭建等方面。

第一节　传感器的安装

一、传感器的安装

一般情况下，传感器直接安装在无人机上，与无人机具有相同的姿态变化，这会影响传感器的信号接收能力或视场大小。另一种方法是将其安装在机载稳定云台上，用来补偿无人机的姿态变化。当无人机姿态扰动较大时，传感器仍能获得比较稳定的视场。这两种安装方式均要求准确获知传感器的姿态。在已知云台相对于无人机运动的先验知识下，通过姿态测量仪器可以得到姿态的准确信息，或者直接将姿态测量仪器安装在传感器平台上测出姿态信息。

二、各类传感器在无人机上的应用

无人机平台上安装有多种传感器，其中的一部分基础传感器是为了实现无人机基础的稳定飞行任务所必需的，另一些则是为了使无人机拥有更丰富的环境感知能力以及在此基础上的复杂任务执行能力而附加的传感器。实现稳定飞行必需的传感器一般都直接和无人机的飞行控制器相连，比如 IMU、磁力计、气压计、GPS、光流传感器等。附加的传感器一般不需要与底层飞行控制器相连，而是直接和机载运算器进行数据通信，比如相机，激光雷达传感器等。这些附加的传感器用于进一步扩展无人机的环境感知能力。通过对多传感器数据进行融合，可以提高无人机的环境感知能力。

（一）基本传感器：IMU 和磁力计

IMU 是无人机实现稳定飞行所必备的传感器。通常，IMU 由加速度计和陀螺仪构成，加速度计用于测量物体的加速度，陀螺仪则用于测量物体的角速度。加速度计按照测量方式可以分为电容式，压电式和压阻式等，其测量原理一般是利用加速度会使得测量元件的某些电特性发生变化这一原理来将加速转换为电信号。

常见的 MEMS 加速度计多采用电容式测量方式，利用电极移动产生的电容变化来检测加速度值。可移动电极随着加速度的变化而在空气和簧片组成的阻尼机构中改变位置，即改变和上下两个固定电极之间距离，由此造成电极之间电容值的改变。这样的检测方法结构简单，稳定而且不容易受噪声以及温度的干扰。常见的民用无人机上大都采用 MEMS 加速度计。对三轴加速度计的一般标定方法可以使用“六面法”标定，即利用重力加速度在三轴加速度计的三个轴向的正负轴上的测量数据进行标定。标定得到的矩阵如式 6.1 所示。

$$\begin{bmatrix} A_x \\ A_y \\ A_z \end{bmatrix} = \begin{bmatrix} a_{x0} \\ a_{y0} \\ a_{z0} \end{bmatrix} + \begin{bmatrix} S_{ax} & K_{ax3} & K_{ax2} \\ K_{ay1} & S_{ay} & K_{ay2} \\ K_{az1} & K_{az2} & S_{az} \end{bmatrix} \cdot \begin{bmatrix} a_x \\ a_y \\ a_z \end{bmatrix} \tag{6.1}$$

上式中的 $[a_{x0}, a_{y0}, a_{z0}]^T$ 为加速度计在三个轴上的零偏；S_{ax}，S_{ay}，S_{az} 为标度因数，表示了各个轴向上对加速度计的敏感程度；K_{ax1}，K_{ax2}，K_{ay1}，K_{ay2}，K_{az1}，K_{az2} 则表示了各个轴向之间并非完全正交，存在安装误差。由于一体化的三轴加速度计安装误差通常较小且解算较为复杂，简单的加速度计标定只需要得到 $[a_{x0}, a_{y0}, a_{z0}]^T$ 和 S_{ax}，S_{ay}，S_{az} 这六个主要的参数即可。由于无人机的电机和螺旋桨在高速旋转时会产生大量的谐波震动，又由于加速度计对震动十分敏感，所以在将加速度计用于无人机上时要与无人机机体之间增加缓冲吸能的材料以减少震动对加速度计测量重力的干扰。在必要的时候还可以将加速度计安装在质量较大的底座之上，降低经过减震装置吸收后的震动能量对加速度计的干扰。

陀螺仪可以根据其精度范围分为三个档次，高精度的陀螺多为静电陀螺仪和液浮陀螺仪，中精度的陀螺仪多为激光陀螺仪和光纤陀螺仪，低精度的陀螺仪主要为 MEMS 陀螺仪。陀螺仪的主要技术指标有角速度测量范围，速率噪声密度，非线性度，角速度随机游走，对准误差等。

同样，在民用无人机中通常都使用 MEMS 陀螺仪。陀螺仪标定得到的矩阵和加速度计得到的矩阵类似。但是由于在校准加速度计时缺乏像重力加速度那样的基准输入，对陀螺仪的标定往往需要专业的三轴转台来产生标准的输入。在不具备三轴转台时可以对陀螺仪进行简单的零偏标定，即在陀螺仪上电后静置不动，将各个轴向的输出作为零偏值。

实际上，陀螺仪的零偏不是一个固定值，而是会随着时间缓慢变化。对于陀螺仪的误差模型一般由一个缓慢变化的偏置噪声和一个高频变化的白噪声叠加而成。对陀螺仪白噪声的积分就表现为陀螺仪的随机游走。大卫· 泰达迪（David Tedaldi）等人提出了一种只需要简单移动传感器和改变传感器静态姿态方法来进行陀螺仪和加速度计标定的方法。相比于加速度计对无人机震动的敏感程度来说，陀螺仪对震动的敏感程度就要好很多。即便如此，也应将陀螺仪安装在缓冲材料之上，预防无人机在出现故常时震动幅度突然增大的情况。

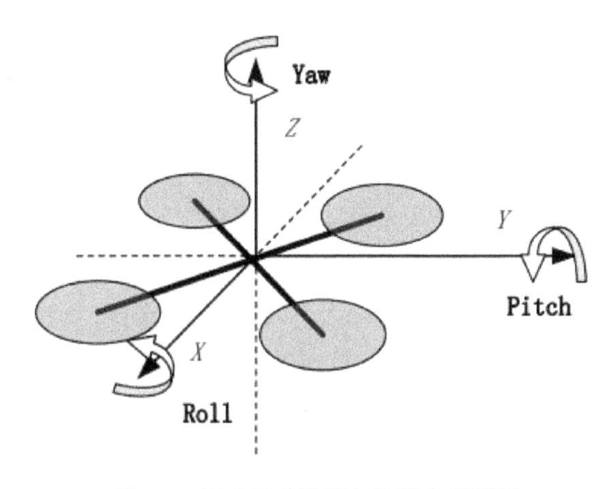

图 6-1　无人机坐标系与旋转角示意图

尽管市面上有许多单芯片的三轴加速度计和三轴陀螺仪，仍然有较多的单轴 MEMS 传感器，比如村田公司的 SCR1100-D04 单轴陀螺仪。通过多个单轴传感器组合形成的三轴传感器时，安装误差往往较大，在此提出了一种分立元件的加速度计陀螺仪安装误差标定方法。一些常见的 MEMS 传感器如表 6-1 所示。

表 6-1　常见 MEMS 类型 IMU 性能对比

厂商	型号	陀螺仪			加速度计		
		量程 /（°/s）	非线性度（量程百分比）/%	噪声密度 /（°/s）	量程 /g	非线性度（量程百分比）/%	噪声密度（mg-RMS/）
InvenSense	MPU6000	2 000	0.2	0.005	16	0.5	0.4
	ICM-20601	4 000	0.3	0.013	32	0.5	0.39
STMicroel ectronics	L3G4200D	2 000	0.2	0.03	-	-	-
	H3LIS100DL	-	-	-	100	3	0.05
Bosch	BMI160	2 000	0.1	0.007	16	0.5	0.18
ADI	ADIS16488	480	0.01	0.005 9	18	0.5	0.5
MAX	MAX21105	2 000	0.1	0.009	16	0.5	0.1

获取了加速度计和陀螺仪的数据后，可以通过 Mahony 提出的互补滤波法，或者卡尔曼滤波等方法解算出无人机的姿态。然而陀螺仪存在随机游走以及变化的偏置噪声，并且由于重力矢量始终与无人机偏航轴平行，所以加速度计无法修偏航角的解算误差。导致在无人机飞行一段时间后，偏航角的误差逐步累积，使得偏航角偏离真实角度。如果修正偏航角度，仅依靠 IMU 难以实现，需要额外的传感器。磁力计就是常用的用于修正无人机偏航角的传感器。磁力计也称为电子罗盘，用于测量周围环境的磁场强度以及磁场方向。这个磁场通常是地磁场产生的，强度大约在 0.4~0.6Gs，磁场方向也因各地而有差异。这也是无人机在远距离运输后需要进行磁力计校准才可以正常飞行的一个主要原因。MEMS 磁力计的一般测量原理是通过测量各向异性磁致电阻的阻值来测量磁场在该电阻敏感轴向上的强度。常见的 MEMS 磁力计有霍尼韦尔公司的 HMC5843 磁力计和飞思卡尔公司的 MAG3110FCR1 磁力计等。在对磁力进行标定时候，与校准加速度计的原理类似，通过测量地磁场在三个轴向的正负半轴上的数据来对传感器进行标定。然而磁场的方向不像重力方向那样竖直向下。标定时难以一次性将传感器敏感轴和磁场方向完全重合，所以需要在大致的磁场方向附近不断旋转磁力计。

另外，由于地磁场强度比较微弱，磁力计很容易受到附近其他磁场的干扰而出现错误，比如周围的铁磁物体以及磁力计周围导线上的电流也会产生磁场。对于静态的磁场干扰，一般在将磁力计尽量远离磁场安装的同时，还需要通过标定来估计出静态磁场的磁场强度和方向。图 6-2 所示为简化为二维情况下的外界静态磁场标定的示意图。

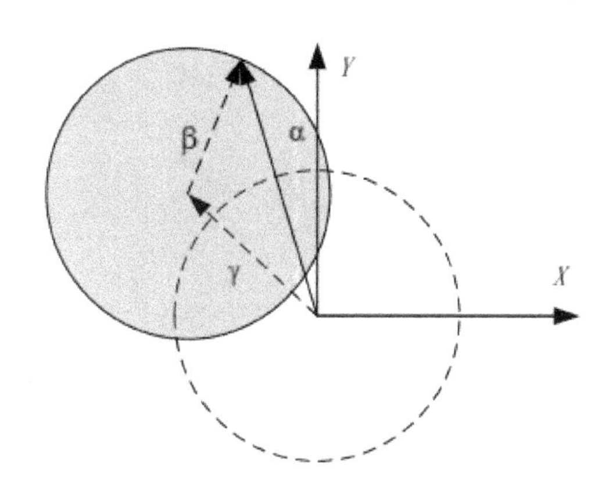

图 6-2　二维静态磁场标定示意图

图 6-2 中，X 和 Y 轴为无人机坐标系。灰色圆周代表磁力计旋转一周后测量得到的磁场矢量 α 末端形成的轨迹。γ 表示存在于外界环境中的静态干扰磁场，β 表示地球磁场。标定的目的就在于估计出 γ。如果静态干扰磁场由无人机自身产生，则会形成椭圆形的磁场矢量轨迹。在此提出了采用二轴转台来标定磁力计和 IMU 的方法动态变化的磁场主要由电磁感应产生。载重量大的无人机在满载飞行时的电流可以达到一百安倍以上，导线周围产生的磁场将会严重干扰磁力计，并且这个干扰磁场会随着电流变化而变化。为了降低电流变化对无人机磁力计的干扰，首先需要将磁力计尽量远离导线安装，比如安装在无人机起落架或者远离机架的 GPS 支架上。其次需要估计出电流大小和干扰磁场之间的关系曲线。为了建立这种关系曲线，需要在正常标定磁力计之后，将无人机的电流从最小值逐渐增加到最大值，同时记录下各个电流值（电流值由电流传感器测得）下磁力计的三轴测量数据。这之后就可以根据得到的关系曲线来恢复出正常的磁场。Madgwick 在一篇内部报告中提出的使用加速度计陀螺仪和磁力计解算姿态的梯度下降法是一种典型的多传感器融合姿态解算法。值得注意的是由于磁场十分容易被外界环境干扰，所以在融合磁力计数据时不推荐将其融合至姿态层面，而只是用来修正偏航角度。以免在周围磁场出现干扰时，比如周围存在高压电线，矿场等，导致无人机姿态解算出现严重错误。

（二）气压计、GPS 与光流传感器

常见的 MEMS 气压计内部存在一个真空隔膜，隔膜上下为两块电极片。当外界气压改变时候，真空盒发生形变，上下两块电极片之间的距离随之改变，电容改值随之发生改变。大气压与高度之间的关系如式（6.2）所示，由此得到的微分方程如式（6.3）所示。

$$H=\frac{T_b}{\beta}\left[\left(\frac{P_H}{P_b}\right)^{-\beta R/g}-1\right]+H_b \tag{6.2}$$

式（6.2）中，P_H 为 H 高度时的气压。同样，P_b 为高度 H_b 时的气压。T_b 是高度为 H_b 时的温度，β 为温度随高度的变化率。R 为空气的气体数单位为：$m^2/(K\cdot s^2)$，g 为重力加速度。

$$\frac{\mathrm{d}H}{\mathrm{d}p}=\left(-\frac{T_b R}{\mathrm{P}_0 g}\left(\frac{P}{P_b}\right)^{-1-\beta-R/g}\right)\mathrm{d}p \tag{6.3}$$

式（6.3）中 p_0 将为海平面大气压 1 013.25 Pa，将其余常量带入式（6.3）后，化简得式 6.4。

$$H=44\,330\cdot\left(1-\left(\frac{P}{P_0}\right)^{0.1903}\right)t \tag{6.4}$$

由式（6.4）可以将气压数据转换为高度值。在实际的飞行控制器中，对高度的估计并不能完全依赖于气压计。气压计的分辨率一般较低，10 cm 已经是不错的分辨率了，而且气压计的数据噪声也较大。一般的无人机高度估计需要结合加速度计对无人机的爬升和下降速率做出估计并将气压计得到的高度值作为观测量去修正高度值。将两者的数据融合在一起后可以获得较为准确且平滑的无人机高度估计。

另外，在无人机上使用气压计还需要特别注意风速对气压可能产生的影响。螺旋桨附近的气流非常复杂，这会对气压计的数据产生严重干扰。一般会将气压计置于一个不利于空气对流的装置内，只留出一个小孔用于保持和外界气压的一致。同时，在飞行控制软件可以对风速进行的大小和方向进行估计，进而对气压计的数据做出补偿。

GPS 其实并不是一种严格意义上的传感器名字，而是一整套庞大而复杂的系统。GPS 传感器指的是用户端的 GPS 接收机。一般的 GPS 接收机由天线和解码芯片构成。从 GPS 接受机输出的数据中可以得到接收机的三维坐标信

息，运动速度信息和时间信信息。普通 GPS 的水平定位精度约为 10 m，这是指 GPS 定位得到的位置和真实位置之间的误差。即使绝对位置定位出现误差，但是在短时间内的定位位置变化并不大，这使得 GPS 在无人机上应用成为可能。

市面上常见的 GPS 的解码芯片多为瑞士 u-blox 公司的产品。许多新款的解码芯片不仅支持 GPS 系统，还支持俄罗斯主导的 GLONASS 系统和我国主导的北斗系统。对多定位系统的支持，有效提高了定位的精度和可靠性。

目前，也有部分无人机采用了差分 GPS 的定位方案，通过对固定在地面端的基站和安装在无人机上的流动站的 GPS 数据进行差分解算，得到更高的定位精度，差分 GPS 的定位精度可以达到 0.1 m 左右。GPS 的定位精度受到多方面因素影响，主要因素有 GPS 接收天线的性能，周围的电磁环境以及接收到的卫星信号数量。在无人机上使用 GPS 定位技术时，主要需要注意电磁干扰和周围环境两个方面的影响。GPS 信号十分微弱，无人机上众多的电子设备产生的信号很容易干扰 GPS 信号，比如路由器所在的 2.4 G 频段对 GPS 信号就存在干扰。

因此，一般将 GPS 接收天线远离无人机上的各种电子设备，常见的安装方式是用支架将 GPS 接收天线安装在无人机主体结构的上方，以减少干扰并获得更好的搜星视野。在将 GPS 接收天线远离电子设备的同时，在 GPS 接收机底部再安装一层金属屏蔽层，以进一步减少电磁干扰。无人机一般的飞行环境是高于建筑物或者空旷的室外。由于 GPS 信号没有遮挡，这样的场所可以搜索到较多的卫星。当无人机在低空或者城市内飞行时，周围的建筑物将对 GPS 信号产生遮挡，大大降低定位精度，甚至导致定位失败。这也是使用 GPS 作为无人机定位传感器的局限之一。

如果无人机需要在室内进行定位并执行飞行任务，那么 GPS 将无法发挥作用。针对室内飞行这一特殊需求，需要更多的传感器和定位方法来实现。目前，使用较多的是光流传感器。通过光流传感器可以获得无人机在左右和前后方向上的移动速度，并在此基础上积分以获得移动的距离。

（a）鼠标光流传感器

（b）PX4FLOW 光流传感器

图 6-3　开源光流传感器

目前主流的开源光流传感器如图 6-3 所示，图（a）是采用 ADNS3080 芯片的光流传感器。由于该芯片常用于光学鼠标上，故又称其为鼠标光流。该光流传感器最初是用于开源飞行控制器项目 ArduPilot 中的。由于鼠标光流芯片的性能所限，其效果一般且用户不多，现在即将被淘汰。图（b）是最早由苏黎世联邦理工学院发起的 Pixhawk 开源项目中的名为 PX4FLOW 的光流传感器。该光流传感器采用了分辨率为 752 × 480 的 CMOS 芯片，型号为 MT9V034。采用内核为 Cortex M4 的微控制器作为运算单元。除了图像传感器外，还搭载了一个超声波传感器 HRLV-EZ4 和三轴陀螺仪 L3GD20。经典的光流算法有 Horn 和 Schunck 提出的光流计算的基本算法，布鲁斯（Bruce）提出的迭代图像配准技术等。PX4FLOW 中的光流算法为绝对差和（Sum of Absolute Differences）的方法。策略是通过在垂直和水平方向上都为 ± 4 像素的搜索区域内计算 8×8 像素块的绝对差和值，并在 81 个候选者中选出绝对差和值最小的那个作为光流值。每一帧图像会计算 64 个采样点的光流值，并通过光流值直方图来选出总体光流值。但是这样得到额光流值为像素精度的，为了获得更高精度的光流值，需要进一步优化这个光流值。先对图像进行双线性插值，再在最佳匹配像素的各个方向上进行半像素步长的搜索，把匹配结果最优的那个方向作为最终的光流值。在通过图像进行光流计算的同时，还需要根据陀螺仪的数据来对光流传感器本身的旋转做出补偿，以恢复光流传感器的移动量。结合超声波传感器得到的距离地面的距离，可以将光流传感器的移动量恢复到真实尺度上来。这些功能需要建立在光流传感器拍摄的图像是在一个平面上的条件下。

在无人机上使用光流传感器时，需要注意给光流传感器创造一个好的使用环境。尽管 PX4FLOW 使用的 CMOS 芯片的感光度比鼠标芯片的感光度高很多，但是在室内较暗的环境下仍旧难以使用。在对室内场景增加光照时需要注意避免使用带有频闪的照明设备，频闪会对高帧率的光流计算带来很大的干扰，因为光流算法建立在相邻帧之间的光照是不变的这一假设上。使用光流传感器对飞行场景的地面也有要求。需要在纹理丰富，没有反光的地面上飞行。对于一般的亮面瓷砖由于缺乏纹理且存在反光，并不适合使用光流传感器。

另外，即便光流传感器已经对本身的旋转在算法上做出了补偿，然而由于陀螺仪噪声，以及由于光流传感器旋转带来的超声波测距误差等原因，旋转仍旧会影响光流传感器的精度。如果无人机上具备机载的角度增稳装置，建议将光流传感器安装在这样的平台上。当无人机的飞行高度较高时，超声波传感器无法测得离地距离，光流数据因此无法恢复到真实的尺度。一般的硬质地面的极限高度大约在 5~6m，如果是草地等超声波反射强度较低的表面，大约在 3 米左右就会丢失超声波数据。

三、视觉和激光雷达传感器

视觉传感器获得的信息量非常丰富。常见的视觉传感器有单目相机，双目相机，以 Kinect 为代表的 RGB-D（颜色和深度）传感器和 TOF（Time Of Flight）原理的 3D 传感器等。其中，普通的单目传相机成本最为低廉，且体积和重量都很小。但是单目传感器无法得到真实尺度这一缺点使得它相比其他可以直接获取真实尺度的传感器来说并不合适。RGB-D 传感器的有效探测距离一般在 5m 左右，且基于红外结构光的 RGB-D 传感器无法在室外有阳光照射的场合下使用。一般采用 TOF 的 3D 传感器的造价昂贵，虽然对阳光不那么敏感，但也存在测量距离短，噪声大的问题。双目传感器既可以获取真实尺度下的深度信息，成本也相对低廉，十分适合在无人机上使用。通过对双目传感器图像进行视差匹配计算，可以获得场景的三维深度图。进一步恢复相机运动轨迹和场景中的三维点位置后还可用于无人机的室内定位和轨迹规划。在使用视觉传感器之前，先要建立相机的成像模型并对相机进行标定，确定相机的内部参数。在这之后变可以建立起三维点到像素平面之间的对应关系。建立这种对应关系是上层视觉感知算法的基础，比如：采用特征提取和匹配等方式来进行视觉 SLAM。激光雷达传感器的测量原理有许多种。其数据使用上相对相机数据简单很多，不需要进行内部参数标定过程。另外，激光雷达传感器可以直接获得真实尺度下的点云数据，不存在单目相机中无法恢复真实尺度的问题。

（一）相机成像模型

在使用相机之前，先要对相机进行标定。其目的是建立起世界坐标中，相机坐标系和图像坐标系这三者之间的转换关系。首先介绍相机坐标系与图像坐标系之间的关系。

像素坐标系是一个二维坐标系，其一般定义是以图像的左上角为原点 O，水平向右为 u 轴正方向，垂直向下为 v 轴正方向。

图像坐标系是一个二维坐标系，其一般定义是以光轴和像平面的交点为原点 O_1，水平向右为 x 轴正方向，垂直向下为 y 轴正方向。单位为物理单位，比如：m。

相机坐标系是一个三维坐标系（X_c，Y_c，Z_c），其一般定义是以相机的光心为原点 O_c，Z_c 轴和相机的光轴重合，X_c 轴和 Y_c 轴分别平行于图像坐标系的 u 和 v 轴。相机坐标系和像素坐标系如图 6-4（a）所示，像素坐标和图像坐标系的关系如图 6-4（b）所示。

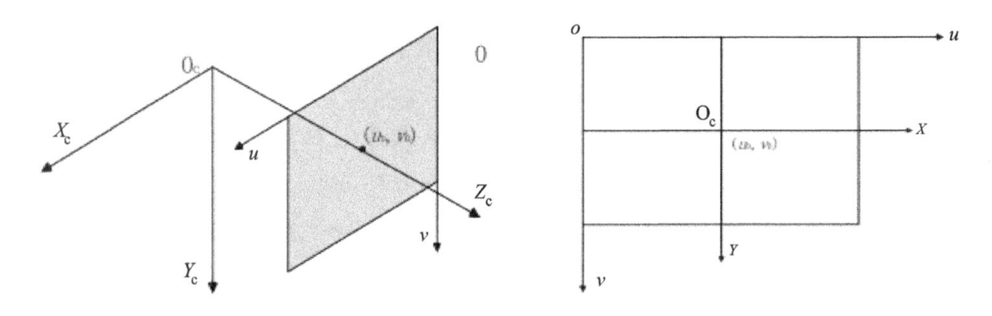

（a）相机坐标系和像素坐标系的关系　（b）图像坐标系和像素坐标系的关系

图 6-4　相机坐标系，像素坐标系和图像坐标系示意图

图 6-4 中，（u_0，v_0）为相机坐标系的 Z 轴和图像平面的交点，称为主点，以像素为单位。在已知像素的物理尺寸后，可以建立起图像坐标系中的点和像素坐标系中的点的对应关系。图像坐标系下的点（x, y）变换到像素坐标系下（u，v）点的公式如式（6.5）、式（6.6）所示。

$$u = \frac{x}{\mathrm{d}x} + u_0 \tag{6.5}$$

$$v = \frac{y}{\mathrm{d}y} + v_0 \tag{6.6}$$

式（6.5）中，dx 表示 x 轴方向上像素的物理尺寸，dy 表示 y 轴方向上像素的物理尺寸。（u_0, v_0）为主点的像素坐标。将上式写作齐次形式可以得式（6.7）。

$$\begin{bmatrix} u \\ v \\ 1 \end{bmatrix} = \begin{bmatrix} \frac{1}{\mathrm{d}x} & 0 & u_0 \\ 0 & \frac{1}{\mathrm{d}y} & v_0 \\ 0 & 0 & 1 \end{bmatrix} \begin{bmatrix} x \\ y \\ 1 \end{bmatrix} \tag{6.7}$$

相机坐标系下的点坐标和像素坐标系下的点坐标变化关系称为相机内部参数。这个参数需要通过标定得到。考虑小孔成像模型，忽略畸变，通过相似三角形并进行一定的简化之后可以得到这样的齐次变换式，如式（6.8）所示，变换的示意图如图 6-5 所示。

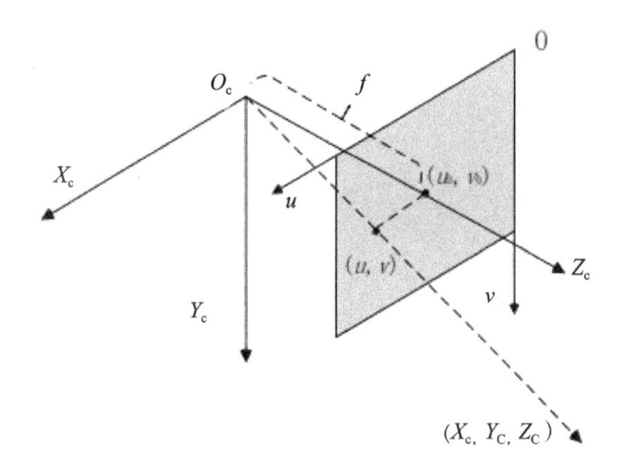

图 6-5　相机坐标系和像素坐标系变换示意图

$$Z_c \begin{bmatrix} u \\ v \\ 1 \end{bmatrix} = \begin{bmatrix} \frac{f}{\mathrm{d}x} & 0 & u_0 & 0 \\ 0 & \frac{f}{\mathrm{d}y} & v_0 & 0 \\ 0 & 0 & 1 & 0 \end{bmatrix} \begin{bmatrix} X_c \\ Y_c \\ Z_c \\ 1 \end{bmatrix} \tag{6.8}$$

式（6.8）中，f为镜头的焦距，（X_c，Y_c，Z_c）为相机坐标系下的一个三维点。世界坐标系用于表示空间点的物理位置。可以通过一个旋转平移矩阵来表示世界坐标系和相机坐标系之间的位姿关系。这个旋转平移矩阵也称作相机外部参数。这个变换如图 6-6 所示。

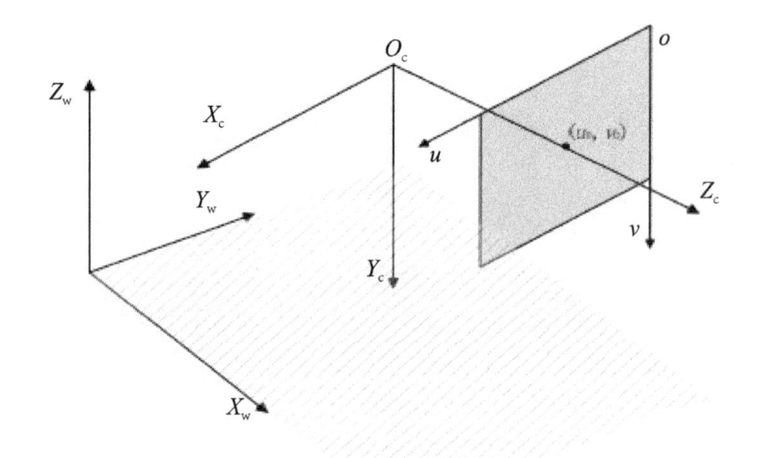

图 6-6　世界坐标系与相机坐标系和像素坐标系的关系

在得到旋转和平移矩阵之后即可将世界坐标系下的点坐标转换到像素坐标系中。转换式如式（6.9）所示。

$$\boldsymbol{Z}_c\begin{bmatrix}u\\v\\1\end{bmatrix}=\begin{bmatrix}\frac{f}{\mathrm{d}x} & 0 & u_0 & 0\\ 0 & \frac{f}{\mathrm{d}y} & v_0 & 0\\ 0 & 0 & 1 & 0\end{bmatrix}\begin{bmatrix}R & T\\ 0 & 1\end{bmatrix}\begin{bmatrix}X_c\\Y_c\\Z_c\\1\end{bmatrix}=\boldsymbol{P}\begin{bmatrix}X_c\\Y_c\\Z_c\\1\end{bmatrix} \tag{6.9}$$

式（6.9）中：K 为相机内参矩阵，P 为包含了内部参数和外部参数的投影矩阵。R 为 3×3 的三维旋转矩阵；T 为 3×1 的平移矩阵。

（二）激光雷达测距模型

市面上有多种类型的激光传感器，从测距原理上大致可以分为四类：脉冲法，相位法、干涉法和三角法。其中前两种方法都是根据激光的飞行时间来换算为距离。干涉法是通过的相干光源产生的干涉现象中的干涉条纹数量来计算距离。三角法则是通过三角关系来计算距离。三角测距雷达的结构如图 6-7 所示。

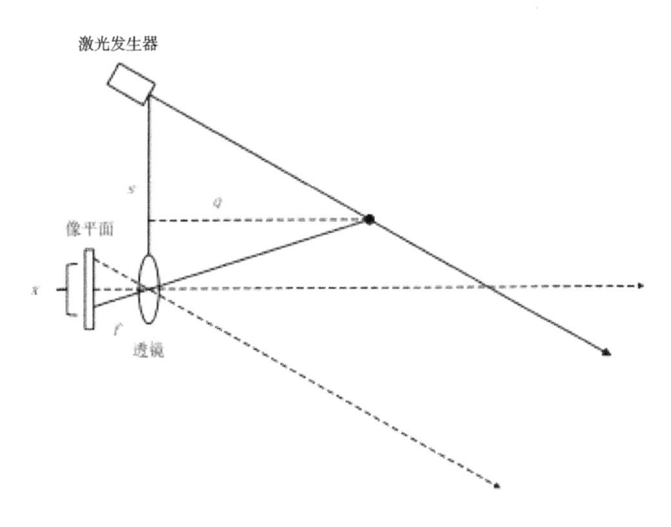

图 6-7　三角测距激光雷达原理示意图

式（6.10）中的 f 和 s 已知，则可以通过像素点的位置来计算出该点的距离值 q。

$$q = f\frac{s}{x} \tag{6.10}$$

式（6.11）中对 x 求导，可以得到

$$\frac{\mathrm{d}q}{\mathrm{d}x} = -\frac{q^2}{fs} \tag{6.11}$$

从上式可以得到，三角测距原理的激光雷达的测量噪声会随着测量距离的增加而增加，噪声水平与距离平方成正比。三角测距雷达的原理简单，成本低廉，但是测量精度会随着测量距离而降低，因此，三角测距原理的激光雷达适用于中短距离测量。市面上的低成本商用激光雷达多采用此方案。将三角测距的模块在一个平面中进行回转，就可以生成 周围场景的平面扫描图。激光雷达实物图如图 6-8 所示。

（a）基于三角测距的低成本激光雷达　（b）基于脉冲的高精度激光雷达

图 6-8　市面上常见的激光雷达

图 6-8（a）基于三角测距原理的激光雷达测距范围多在 20m 以内，而（b）中的雷达测距范围可达 100m 甚至更远。前者的数据采样频率大约为 4 000 Hz，后者的采样频率可达 300 000 Hz。当然前者的售价也为大大低于后者。

四、无人机平台的选择与搭建

在飞行平台的选择上，比较了市场上几款主流的无人机。法国 Parrot 公司在 2012 年推出的 AR.Drone2.0 无人机。该无人机体积小，巧价格低廉，重量仅为 380 g。搭载有下置相机充当光流传感器和前置的 720 p 相机传感器，后期还推出了扩展 GPS 模块，用于提升室外飞行的性能。该飞行平台总体来说比较适合在室内环境下进行飞行，且提供了 ROS 下开发接口，便于快速整合开发。但是由于该飞行平台的轻量化设计，平台的空余空间和载重性能均难以搭载其他的额外传感器和运算单元。其前置的相机也没有增稳装置，导致图像会随着无人机的姿态而晃动和模糊，不利于后期视觉算法 的进一步处理。Parrot 公司的最新多旋翼飞行平台是 Bebop，该无人机的操控距离，图像传输延时和动力性能上都有了很大提升，并且使用了电子稳像技术，使得前置相机的图像得以稳定，但其仍然无法扩展额外的传感器和运算单元。深圳 DJI 公司的 M100 无人机是专门面向开发者推出的。其轴距为 650 mm 可以较为方便的扩展额外传感器和运算单元，甚至电池也支持扩展以提高续航能力。支持 DJI 的禅思云台，X_3 相机以及 Lightbridge 高清数字图像传输系统和用于测距和避障的 Guidance 视觉传感导航系统。在对飞行平台的开发上提供了多平台较为完整的开发接口。但其使用的 N_1 飞行控制器是 DJI 公司的商用成品飞行控制器，不支持飞控层面的二次开发。对 X_3 相机图像的机载处理也必须用到 DJI 公司推出的 Manifold 计算单元。开发的灵活性受到一定的限制。

使用定制化的无人机结构和 PX4 项目中的开源自驾仪。开源自驾仪 PX4 项目是 Linux 基金会 DroneCode 项目的一部分。PX4 项目包括完整的软硬件平台，且软硬件部分都支持开源 BSD 协议。硬件部分由源自苏黎世联邦理工学院的 Pixhawk 项目支持，包括多款飞行控制器和光流传感器等。飞行控制器软件部分为 PX4 flight stack。其他的一些开源飞行控制器软件也对 Pixhawk 硬件进行了支持，比如知名的 AutoPilot 飞行控制软件。PX4 项目目前已较为成熟，维护成员众多，开发文档等也相对齐全。在无人机结构方面，采用定制化无人机结构可以完全满足实验平台对无人机结构上的要求，比如较大的扩展空间和充足的动力配置以满足对各类传感器和计算单元的安装需求。使用定制无人机结构和开源飞行控制器的优点是开发灵活性高，可以对无人机平台上的几乎所有部件进行二次开发。缺点是开源飞控在开发上存在一定的门槛以及可能存在的兼容性及可靠性问题。综合比较上述方案的有缺点，最终选择了使用定制无人机结构和开源飞行控制器这一飞行平台，以获得最大的开发灵活性。搭建的飞行平台上，除了基础传感器之外，还搭载了双目相机和低成本的二维激光雷达传感器。两者通过各自的增稳云台和无人机飞行平台相连接。计算单元方面选用了 Intel 推出的 NUC 系列迷你计算机设计并搭建完成的无人机飞行平台如图 6-9 所示。

图 6-9　无人机飞行平台

图 6-9 中，采用了 800mm 轴距的四旋翼无人机作为基础平台。无人机上方安装有激光雷达和用于增稳的二轴云台。双目相机和光流传感器都安装在无人机下方的另一个二轴云台上。计算单元位于锂电池的下方，图中被双目相机云台所遮挡。飞行平台的基本参数如表 6-2 所示。

表 6-2　飞行平台的基本参数

飞行器参数	旋翼数量	4
	轴距	800 mm
	螺旋桨尺寸	17 in
	起飞重量	4.6 kg
	最大有效载重	1.6 kg
	单轴最大推力	3.9 kg
	电池容量	16 000ma
飞行器参数	续航时间	18 min
	飞行控制器硬件 / 软件	Pixhawk/PX4
	附属传感器	PX4FLOW
飞行控制器参数	IMU	MPU-6000、L3GD20H、LSM303D
	磁力计	LSM303D
	气压计	MS5611
	GPS	uBlox LEA-6H
计算单元参数	型号	NUC
	处理器	I75557U
	内存	16 G
	硬盘	256 G
激光雷达参数	测量角度范围	360 °
	最大测量距离	8 m
	距离分辨率	1 mm
	角度分辨率	1 °
	重量	190 g
双目相机参数	帧率	30 f/s
	基线长度	14 cm

第二节　传感器的分辨率

一、传感器的分辨率

无人机及其机体坐标系，y 轴位于无人机参考面内平行于机身轴线并指向无人机前方，石轴垂直于无人机参考面并指向无人机右方，z 轴垂直于 xy 平面并指向无人机上方。目标位于地面，已知机体坐标系下的位置信息，对目标进行识别并获得地理信息。假设目标占有 25 像素（5 × 5 像素）就可以被识别，目标尺寸为 0.2 m × 0.2 m，那么一个像素不能超过 0.04 m。

典型的红外摄像机视场大约为 12° × 16°，高度为 300 m 时，其地面分辨力大约为 63 m × 84 m，除以需要的分辨力 0.04 m 得到需求摄像机的焦平面阵列为 15 75 × 21 00，显然这是不合理的。

二、基于无人机的传感器数据采集

（一）无人机辅助的无线通信概述

无人机可作为空中基站或移动中继协助地面蜂窝网络通信，以提高网络中用户的服务质量。相比于传统的蜂窝通信架构，例如地面基站或固定中继，无人机作为空中通信平台具有其独特特征，也相应提出了许多优化设计要求和挑战。

1. 无人机通信平台特征

无人机无线通信主要包括两种类型的通信链路：控制和非有效载荷通信（Control and Non-Payload Communications，CNPC）链路及数据链路。CNPC 链路主要用于保证无人机系统安全运行，对可靠性、时延和安全性要求较高，对数据速率要求较低。CNPC 链路传输与无人机安全相关的信息，大致包括三种信息类型：从地面基站到无人机的命令和控制信息、从无人机到地面的飞行状态报告信息和无人机间的感知和规避信息。对于非民用的无人机通信，一般需要用保护频谱支持 CNPC 链路，例如 L- 频谱（960~977 MHz）和 C- 频谱（5 030~5 091 MHz）。而数据链路主要针对地面终端特定任务的通信，地面终端可以是地面基站、移动终端、网关节点和无线传感器等，传输的具体数据依赖于具体应用。不同于 CNPC 链路，数据链路对时延和安全性要求较低，可以复用已分配的频带。相对于传统通信架构，无人机作为空中基站或移动中继为用户提供通信服务，具有如下特征。

（1）部署灵活迅速。

常规的地面通信基础设施通常位置固定，一旦部署就无法轻易改变，因此只能基于长期的数据流量、用户分布和网络覆盖性能进行设计。相反，无人机可以灵活地部署为几乎固定的空中基站或中继，其位置可以根据实时需求进行动态调整，可以根据暂时的数据流量或用户位置迅速重配网络，从而提高系统性能。

例如，无人机可以为偏远地区或临时大规模密集场所提供无缝的蜂窝覆盖，而无须建立新的地面通信基础设施。此外，在特定地形的约束下，固定的地面基站或中继只能部署到二维场景，而无人机可以更灵活地部署在高度可调的三维空间中。

因此，基于无人机的无线通信作为覆盖扩展的一种重要手段，目前已经成为 6G 网络部署的一个重要研究方向。

（2）移动性强且可控。

除了在给定位置用作几乎固定的空中基站或中继器外，无人机高度可控的三维移动性还使其能够充当移动式的空中基站或中继器，能够在服务区域连续地移动，以便与地面用户更加有效的通信。在这种情况下，无人机的轨迹设计非常灵活，且需要满足特定任务所对应的约束条件。

（3）LOS 主导信道。

对于无人机辅助的蜂窝通信，在农村和郊区环境中，无人机平台与通信节点之间的信道由 LOS 链路主导，在城市环境中也可以通过概率 LOS 模型表征。与传统的地面通信存在富散射相比，没有衰落现象通常会使得链路质量更稳定、更可靠。

2. 无人机优化设计挑战

虽然无人机辅助的无线通信相对于固定基础设施通信优势显著，但同时也为通信系统的优化设计带来了挑战。

（1）移动无人机轨迹设计。

对于无人机辅助的无线通信，需要适当设计移动无人机通信平台的轨迹，以最大限度地提高地面用户的通信性能。例如，无人机可以靠近高速率要求的地面用户，以缩短他们之间的通信链路距离，从而增加链路容量或节省发射功率。

（2）无人机资源管理。

通常，无人机的资源分配方案与其飞行轨迹进行联合设计，以进一步提高通信性能。值得注意的是，由于无人机与通信节点间为LOS链路主导的信道，如果分配的通信资源不正交，则需要解决多个服务无人机之间以及现有地面基站之间的严重干扰问题。

（3）其他挑战。

①无人机高能效通信。除了产生用于通信（例如信号处理和放大）的能量消耗外，无人机还会产生额外的推进能量消耗，以保证其高空作业和自由移动，并且远比通信能量消耗大得多。

相比于地面固定基础设施有充足的能量供给，无人机由自身电池提供有限的能量，并且会受到严格的尺寸、重量和功率约束以及推进能量消耗约束，进而会影响通信性能和续航时间。因此对于无人机辅助的无线通信而言，高能效通信设计至关重要。

②准固定无人机的三维部署。因为增加了高度自由度，准固定无人机通信平台的部署相对于二维地面基站或固定中继更加具有挑战性，且不存在地面障碍物的情况下，无人机部署的灵活性更大。并且为适应地面网络拓扑的变化而动态部署无人机也是一个重要的设计问题。由于缺少可用于地面基站或固定中继的有线回程，无人机通信平台需要依靠无线回程来相互连接以及连接到地面基站或网管。因此，无人机部署问题还应考虑无线回传容量，由于无人机的移动性，无线回传容量通常随时间变化。

③无人机安全控制。除了地面系统中的常规通信链路外，无人机系统还需要附加控制和CNPC链路以支持诸如实时控制、碰撞规避等，这些链路对时延和安全性要求更加严格。因此，需要为无人机通信系统专门设计更有效的安全机制。

（二）无人机一地面信道模型

无人机通信信道与传统通信区别较大，主要是因为无人机通信包括以下特征：由于无人机速度而产生的空对地（Air-to-Grond，A2G）和空对空（Air-to-Air，A2A）高动态的通信信道传播特性；由于空中基站的移动性和地面运营商的变化，会在非固定信道中引起过多的时空变化；无人机的结构设计和旋转会引起机体阴影。地面蜂窝系统的传播特性通常使用完善的经验和分析模型进行分析建模。

但是，由于系统架构和相应操作不同，这些模型通常不太适合表征无人机信道。并且无人机通信仍处于研究阶段，尚未提出完善的标准。在目前学术研究中，无人机 A2G 信道模型主要分为三类：LoS 信道，概率 LoS 信道和 Rician 衰落信道，下面分别作概述和分析。

1.LoS 信道

为了解决空中用户（例如无人机）在与蜂窝网络通信中的信道传输和干扰等问题，3 GPP 在 2017 年 3 月对增强 LTE（Long Term Evolution）支持空中飞行器问题进行了相关研究，给出了地面基站与无人机间的信道建模。首先无人机与地面蜂窝网络通信可分为三种场景: 城市宏小区与空中飞行器(Urban-macro with Aerialvehicles， UMa-AV）、城市微小区与空中飞行器（Urban-micro with aerial Vehicles，UMi-AV）和农村宏小区与空中飞行器（Rural-macro with Aerial vehicles，RMa-AV）。UMa-AV 场景中，LTE 基站（eNodeB）天线安装在城市环境周围建筑物的屋顶上方。UMi-AV 场景中，eNodeB 天线安装在城市环境中且低于屋顶。RMa-AV 场景中，eNodeB 天线安装在农村环境中的塔顶，小区范围更大。为了表征空中用户设备（User Equipment，UE）和 eNodeB 之间的信道，研究中采用了一种基于空中 UE 高度的建模方法定义了 LoS 概率，在每种场景下，分别提出两个高度阈值将 UE 高度分为三个区间，每个区间对应不同的 LoS 概率模型。

可以看出，RMa-AV 场景中 UE 高度范围为 [40，300]m 时，以及 UMa-AV 场景中 UE 高度范围为 [100，300]m 时，无人机与基站间为 LoS 信道的概率为 100%。因此，当无人机飞行高度足够高时，无人机与地面信道以足够大的概率为 LoS 信道，采用自由空间路径损耗模型，其信道功率增益可建模为

$$h(t)=\beta_0 d^{-2}(t) \tag{6.12}$$

式中：β_0 为相对距离为 1m 时的信道功率增益，d（t）表示当前时刻无人机与地面通信节点的距离，此时路径损耗指数为 2。由于 LoS 信道模型表达简单且具有理论依据，目前大多数文献均采用此类信道模型。

2. 概率 LoS 信道

在城市或郊区环境中，简化的 LoS 信道模型可能会不准确，因为它忽略了随机的阴影效应和小尺度衰落。因此，在不同位置无人机 A2G 信道具有不同特性，大体分为 LoS 和非 LoS （NLoS）链路。由于在较大的地理区域内，获得所有位置的 LoS/NLoS 信道的完整信息所产生的测量成本过大，有文献提出

了基于统计概率的 LoS/NLoS 信道模型，无人机 A2G 信道存在 LoS 链路的概率可表示为

$$\mathrm{Pr}_{\mathrm{LoS}}(\theta)=\frac{1}{1+a\exp(-b(\theta-a))} \tag{6.13}$$

式中：θ 为无人机相对于地面通信节点的仰角，a 和 b 为固定参数，由环境决定（例如乡村、郊区、密集城市等）。则无人机 A2G 信道的平均路径损耗为

$$L_{\mathrm{ave}}=\mathrm{Pr}_{\mathrm{LoS}}L_{\mathrm{LoS}}+(1-\mathrm{Pr}_{\mathrm{LoS}})L_{\mathrm{NLoS}} \tag{6.14}$$

式中：L_{LoS} 和 L_{NLoS} 分别为无人机 A2G 信道 LoS 和 NLoS 链路的平均路径损耗，表达式分别如下。

$$\begin{aligned}L_{\mathrm{LoS}}&=20\lg\left(\frac{4\pi fd}{c}\right)+\xi_{\mathrm{LoS}}\\L_{\mathrm{NLoS}}&=20\lg\left(\frac{4\pi fd}{c}\right)+\xi_{\mathrm{NLoS}}\end{aligned} \tag{6.15}$$

式中：f 为载波频率，c 为光速，d 为无人机与地面通信节点的距离。而 ζ_{LoS} 和 ζ_{NLoS} 分别为 LoS 和 NLoS 下自由空间路径损耗的平均额外路径损耗。主要是因为沿着无人机轨迹，局部区域中的 LoS 概率通常与整个感兴趣区域的平均概率不同，并且还根据周围环境在空间上相关。

3.Rician 衰落信道

另一个广泛采用的模型是 Rician 衰落模型，该模型包括确定性的 LoS 分量和由于地面障碍物的反射、散射和衍射等而产生的随机多径分量。该模型适用于无人机高度足够高，阴影效应较少但小尺度衰落不可忽略的城市或郊区。对应的无人机 A2G 衰落信道可建模为

$$h(t)=\sqrt{\beta(t)}g(t) \tag{6.16}$$

式中：β（t）是考虑了信号衰减（包括路径损耗和阴影）的大尺度平均信道功率增益，而 g（t）是小尺度衰落系数。具体地，平均信道功率增益可建模为

$$\beta(t)=\beta_0 d^{-a}(t) \tag{6.17}$$

β_0 是在相对距离为 1m 时的平均信道功率增益，d（t）为无人机与地面节点的距离，α 为路径损耗指数，取值通常在 2~6 之间。由于 LoS 路径的存在，

小尺度衰落可以建模为如下。

$$g(t)=\sqrt{\frac{K(t)}{K(t)+1}}\bar{g}+\sqrt{\frac{1}{K(t)+1}}\bar{g} \tag{6.18}$$

$K(t)$ 表示此时无人机 A2G 信道的 Rician 因子，由于无人机的移动性，不同时刻 Rician 因子通常是不相同的。Rician 因子会受到通信频段（L/C 频段）、周围环境和无人机地面仰角的影响。仰角的增大可能会导致较少的地面反射、散射和障碍，因此 Rician 因子趋于呈指数增加。角度决定的 Rician 因子可以通过如下指数函数建模，

$$K(t)=A_1\exp\left(A_2\theta(t)\right) \tag{6.19}$$

其中 $\theta(t)$ 为此时无人机与地面节点的仰角，A_1 和 A_2 是由具体环境决定的固定系数，则 $K(t)$ 的最小值为 A_1，最大值为 $A_1e^{A2\pi/2}$。值得注意的是，在不同时刻无人机与地面节点的小尺度衰落的分布是相关的，并由三维的无人机轨迹决定，因此会增大轨迹设计的挑战性。

综上所述，无人机 A2G 信道通常可采用 LoS 信道、概率 LoS 信道和 Rician 信道三种建模形式，对无人机轨迹设计问题所提出的挑战也依次增大。当无人机飞行高度足够高时，其以很大概率采用 LoS 链路与地面节点通信。无人机与地面传感器通信场景，由于相应法律法规要求假设无人机飞行高度最低为 100m（飞行高度较高），而且并未特定化传感器部署场景，因此针对一般化的数据采集场景，我们采用 LoS 信道模型表征 A2G 信道。

第三节 机载设备的精度

为了测试地理信息的精度，必须考虑无人机姿态与位置的影响，x 坐标的不精确度为

$$\sigma_{x-\text{target}}^2=h^2\sigma_\varphi^2+y^2\sigma_\psi^2+\sigma_{x-\text{seasor}}^2+\sigma_{x-\text{vehiele}}^2 \tag{6.20}$$

y 坐标的不精确度为

$$\sigma_{y-\text{target}}^2=h^2\sigma_\theta^2+x^2\sigma_\psi^2+\sigma_{y-\text{seasor}}^2+\sigma_{y-\text{vehicle}}^2 \tag{6.21}$$

Ashtech ADU3 的 GPS 设备证明了间隔 1 m 的天线阵列可提供俯仰和滚转角精度为 0.8°、偏航角精度为 0.4°。天线间距的增减与精度的高低呈三角

函数的关系，转换为弧度，即

$$\sigma_{\psi}^{2}=4.9\times10^{-5} \tag{6.22}$$

$$\sigma_{\theta}^{2}=1.95\times10^{-4} \tag{6.23}$$

$$\sigma_{\phi}^{2}=1.95\times10^{-4} \tag{6.24}$$

考虑无人机的位置，这表示对于差分 GPS，其圆概率误差为 40 cm，自主模式为 3 m。与置信椭圆不同，圆概率误差是在以天线真实位置为圆心的圆内，偏离圆心概率为 50%的二维点的离散分布度量，其计算比置信椭圆困难，当置信椭圆的长短轴相等时，半径为

$$r=1.386\sigma \tag{6.25}$$

或

$$\sigma=0.7215r \tag{6.26}$$

当 GPS 为差分模式时，圆概率误差为

$$\sigma_{x}^{2}=\sigma_{y}^{2}=(0.72\times0.4)^{2}=8.3\times10^{-2} \tag{6.27}$$

当 GPS 为自主模式时，圆概率误差为

$$\sigma_{x}^{2}=\sigma_{y}^{2}=(0.72\times3)^{2}=4.7 \tag{6.28}$$

很显然，自主模式的 GPS 无法产生高精度的位置信息。

第四节　地理信息综合精度

数码相机的特性决定了位置精度只能达到像素级。假设 Δ 代表地面像素大小，定位误差服从 − Δ/2 到 Δ/2 的均匀分布，则对应的方差为

$$\sigma^{2}=\Delta^{2}/12 \tag{6.29}$$

对于

$$\Delta=0.04\text{m} \tag{6.30}$$

有

$$\sigma_{x\text{-sensor}}^{2}=\sigma_{y\text{-sensor}}^{2}=1.33\times10^{-4}\,\text{m}^{2} \tag{6.31}$$

使用上述等式和已知数据，有

$$\sigma_{x-\text{target}}^2 = h^2 \times 1.95 \times 10^{-4} + y^2 \times 4.95 \times 10^{-5} + 1.33 \times 10^{-4} + 8.3 \times 10^{-2}$$

$$\sigma_{y-\text{target}}^2 = h^2 \times 1.95 \times 10^{-4} + x^2 \times 4.9 \times 10^{-5} + 1.33 \times 10^{-4} + 8.3 \times 10^{-2} \quad (6.32)$$

如果传感器的分辨率足以识别目标，那么地理配准误差会非常小，同时，如果使用差分 GPS，无人机的位置误差对配准误差影响很小。没定目标相对于无人机的位置为

$$\begin{aligned} x &= 15\ \text{m} \\ y &= 20\ \text{m} \\ z &= -300\ \text{m} \\ \sigma_{x-\text{target}}^2 &= 17.55 + 0.02 + 1.33 \times 10^{-4} + 8.3 \times 10^{-2} \\ \sigma_{y-\text{target}}^2 &= 17.55 + 0.011 + 1.33 \times 10^{-4} + 8.3 \times 10^{-2} \end{aligned} \quad (6.33)$$

误差的最大来源是无人机的俯仰角与滚转角，为了使地理配准精度达到厘米级，俯仰角与滚转角的方差至少需要减少 100。

相对于单目相机，多目相机有利于降低误差协方差。如果多个相机的误差是独立的，方差会随着摄像机的数量而减小。莱卡 DMC 倾角计的方差为

$$\begin{aligned} \sigma_\psi^2 &= 4 \times 10^{-6} \\ \sigma_\theta^2 &= 5 \times 10^{-6} \\ \sigma_\varphi^2 &= 5 \times 10^{-6} \end{aligned} \quad (6.34)$$

使用这些数据，地理信息的不精确度为

$$\begin{aligned} \sigma_{x-\text{target}}^2 &= 0.45 + 0.0016 + 1.33 \times 10^{-4} + 8.3 \times 10^{-2} \\ \sigma_{y-\text{target}}^2 &= 0.45 + 0.0009 + 1.33 \times 10^{-4} + 8.3 \times 10^{-2} \end{aligned} \quad (6.35)$$

这与要求的精度十分接近。然而，倾角计只在无人机没有加速运动的情况下是精确的，这是一个值得深思的问题。另外，可以使用惯性导航元件测量无人机的姿态，其价值远高于倾角计，能够提供十分准确的信息，每小时其角度漂移仅为毫度级。

无人机在遥感等领域的应用发展很快，它能在人们无法接近的危险区域进行工作。无人机已成为一种流行的解决问题的手段。

第七章　智能移动机器人设计开发实例

智能移动机器人是一类能够通过传感器感知环境和自身运动状态，即使在有障碍物的环境也能顺利的运动至目标点，并完成一定任务的机器人系统。现如今，移动机器人不仅广泛应用于太空探索、国家防御等领域，而且在工厂物料搬运、家庭清洁等方面也越来越备受青睐。移动机器人的应用要求其具有良好的运动控制能力和正确的行为决策能力。本章分为灭火机器人、擂台机器人、吸尘机器人三部分。主要内容包括：移动灭火机器人发展状况、机械结构设计、避障系统设计等方面。

第一节　灭火机器人

一、灭火机器人发展状况

（一）国外发展情况

早在20世纪80年代的初期，世界上就有非常多的国家以及科学机构从事于移动灭火机器人的设计研发工作。苏联和美国最早对移动灭火机器人进行了一定的开发设计，此后日本和法国等一些发达国家也逐渐地设计和开发移动灭火机器人。目前为止，世界上已经有许多不同功能类别的移动灭火机器人应用于各种不同的火灾场所实施灭火作业。当前，世界上许多发达国家正加大力度开发研制具有多种作用的自动型移动灭火机器人，并且把移动灭火机器人的设计研发工作列入国民经济的任务要求中。

日本与美国在移动灭火机器人的研究领域中使用的最为普遍，其研发的移动灭火机器人具有多种不同的作用，能够同时实现多种不同的作业任务，并且已经具备了比较成熟的自主智能化的功能。

图7-1为美国研究机构最新设计开发的船载自动灭火机器人。该自动灭火

机器人是有美国海军研究实验室（NRL）和麻省理工学院相互合作共同研发的，其机体高度达到 1.5 m，同时能够在外围环境温度不超过 500℃的条件下工作，广泛地应用在各种舰艇的消防灭火过程中。

此外，该自动灭火机器人配备了相应的传感器，可以在浓厚的烟雾中清晰地看到周围的环境，从而识别军舰上工作人员的手势信号，通过此信号可以自动定位火灾的发生地点，并且在营救人员无法进入的火灾区域，使用提前配备的灭火器材进行灭火作业，能够最大限度地防止消防员的生命受到不必要的伤害。

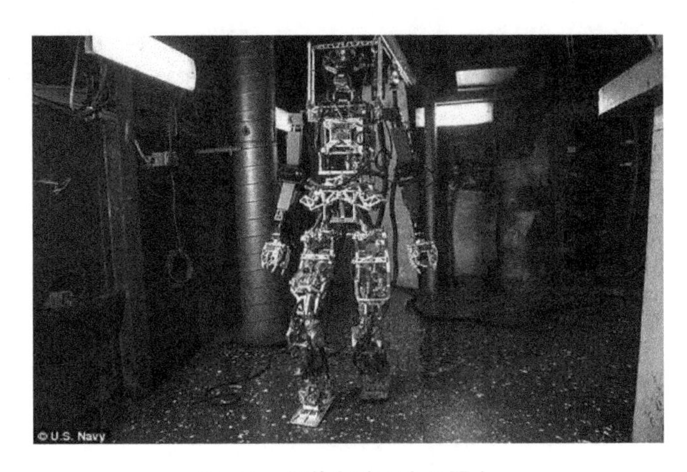

图 7-1　船载自动灭火机器人

英国主要是运用其完善的军用作战机器人的相关知识来研究开发移动灭火机器人。英国把在阿富汗军事战争中应用的引炸地雷的机器人改制成了移动灭火机器人。图 7-2 是泰伦移动灭火机器人和布鲁克 90 移动灭火机器人，这两种移动灭火机器人配备了排爆机械臂、热成像仪和消防水带，它们可以代替营救人员很容易地进入复杂危险的火灾环境中实施灭火，该灭火机器人由工作人员在远处遥控操作。

图 7-2　英国自动灭火机器人

图 7-3 是挪威最新设计开发的蛇形自动灭火机器人，其长度大约是 3m，重量大约是 70 kg，而且能够和灭火装置的消防水带相互连接在一起，该蛇形自动灭火机器人能够自动拖带着提前配备的消防水带进入到复杂危险的火灾环境中实施灭火作业。此机器人的行动极其方便灵活，能够快速的穿越倒塌的墙壁，替代营救人员进入易燃、易爆、浓烟、有毒气的火灾现场实施灭火。它的能量供给方式同样极其奇特，通过安装在其机身的液压传动装置从消防水带中获得前进的动力，并且机体内部所有的控制按钮是通过计算机进行远程操作的，所以它能够自由灵活地进行爬行运动。

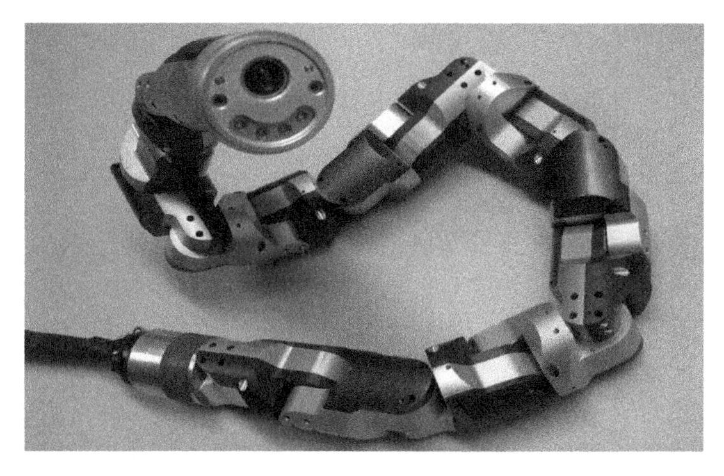

图 7-3　蛇形消防机器人

在作业过程中，营救人员可以对其实施远距离操作，并且可以透过机身前端的高清摄像机来观察火灾的情况，在蛇形自动灭火机器人的内部配备了许多具有不同功能的传感器，该传感器的配备可以使其具有一定程度的独立活动能力和自动探测的功能，此机器人实施灭火作业时，首先由操作人员编写程序设定发生火灾的目标位置地点，然后蛇形自动灭火机器人会基于障碍物所处的位置自行将其躲避，进而自动选定到达目标位置的行使路线。

（二）国内发展概况

基于我国科学信息领域研究的不断进步，机器人的技术研发同样取得了许多重大的突破，良好的技术条件为移动灭火机器人的设计开发工作打下了坚定的基础。最近几年，中国对移动灭火机器人的研究开发在诸多大学和研究所的共同努力下，已经取得长足的进步，已经研究出许多种应用于多种工作条件的移动灭火机器人，并且被消防军队运用到现实的灭火过程中。

1998年公安部的上海消防科技研究机构设计出我国第一台可以自动行驶的移动灭火机器人—JMX型自动灭火机器人。该移动灭火机器人是由外部电源为其提供电力保障，在其上方装有超细干粉剂供给模块、雾化模块和消防炮模块，能够替代营救人员进行灭火作业。JMX型自动灭火机器人的出现，是我国可以独立自主地研制出移动灭火机器人的开端，在一定程度上弥补了我国在移动灭火机器人领域范围内的缺失。但是JMX的技术相对比较落后，大约和国际中20世纪80年代的水平相当，如图7-4所示。

图7-4　JMX型消防灭火机器人

随着我国完成了第一台移动灭火机器人的设计开发工作，紧接着在上海交通大学和一些其他研究机构的一致努力下，成功研发出了用于火灾现场灭火的履带结构的移动灭火机器人，并且顺利的通过了国家的验收，如图7-5所示。

图7-5　消防灭火机器人

该移动灭火机器人选用关节履带的结构设计，机身上方装有高清摄像仪和多种传感器，能够在营救人员的遥控操作下，替代消防人员进入复杂的严峻环境中，收集火灾实时状况，并且能够通过遥控器传送到指挥的救援队伍，与此同时，能够使用机身配备的消防水炮，向发生火灾的现场喷洒干粉灭火剂灭火。

在人工智能信息科技水平不断地进步和机器人研究成果逐步完善的条件下，在不久的未来，移动灭火机器人会朝着功能的多样性逐渐发展，在危险的火灾环境中能够替代人，最大限度地避免人员的生命受到威胁。但是，我们也要清醒地认识到，我国在移动灭火机器人的研究领域已经落后发达国家太多，存在着非常大的技术差距，诸如整机质量比较重、外形体积比较大、内部结构烦琐、作用比较单一、稳定性差、灭火效果一般、应用场所有局限。在未来的发展中，我们应该坚持以独立研制开发为主，引入外来技术成果为辅，不断地提高我国灭火装备器材的现代化水平，与此同时，才能不断地提高消防人员在大型复杂火灾环境中的灭火效率，尽量减少消防人员的生命受到伤害。

二、灭火机器人总体结构设计

（一）灭火机器人的需求分析

确定灭火机器人在何处工作、有何功能是制作一件机器人的关键，也是机器人设计的前提条件，在此以化工厂的灭火机器人为例进行设计。

通过对相关资料的查找，了解到化工厂发生火灾的原因有人为操作不当的原因、厂区设备原因，还包括自然界发生的因素。表 7-1 列出来化工厂发生火灾的常见因素。

表 7-1　化工厂发生火灾原因

化工厂发生火灾的原因	
人为因素	在化工厂操作区域内吸烟且未将烟蒂彻底熄灭； 生产现场动用明火且未按照管理规则使用，操作不当； 具有腐蚀、易爆、辐射等性质的危险物品在转运过程中操作不当； 未遵守化工厂安全守则和自我安全意识淡薄
厂区设备	厂区设备摩擦产生静电引发火灾； 压力容器、锅炉等厂区设备保养不善，发生故障，引发事故； 电气设备老化； 由于电气设施超负荷使用引发电流过载； 电气装置保护设施电介质失效； 电器设施没有装备防火防爆安全设施
自然因素	雷击引发事故； 物品干燥自燃；危险化学品物质遇空气自燃等

①行走功能：能在化工仓库内快速移动，效率要高。

②机器人尺寸大小：灭火机器人尺寸要小，质量轻，能够方便工作人员携带。

③感知：通过灭火机器人上面安装的摄像头模块、避障模块、磁循迹模块对化工厂仓库周边环境感知，通过安装的火焰传感器探测到火源，并通过蜂鸣器报警。通过安装的USB摄像头将周围环境传回指挥中心。

④通信：能够在仓库内机器人与指挥中心可靠地通信。

⑤循迹避障：能够自动完成循迹以及避障运动功能。

⑥动力：为了保证功耗和续航问题，要求灭火机器人能够通过自身携带的理电池可以持续运行数个小时。

⑦人机界面良好。

⑧灭火搬障功能：通过水泵抽出水箱里面的水通过水管灭火，能通过机械臂控制灭火水管上下、左右旋转运动，并且可以搬运障碍物。

通过上述车体要求，拟定本型号灭火机器人参数表如表7-2所示。

表7-2　灭火机器人参数表

功能要求	参数指标
灭火机器人总体重量	4 kg
全方位尺寸	300 mm × 250 mm × 400 mm
机器人最大运动速度	0.3 m/s
续航时间	3 h
超声波感知距离	300 mm
磁循迹感知距离	250 mm
无线传输通信距离	150 m
机械臂自由度	4自由度
机械臂抓取重量	1 kg
摄像头	USB摄像头
控制灭火机器人灭火方式	人工打开水泵，机械臂控制水管灭火

（二）灭火机器人总体结构设计

根据以上灭火机器人具体设计需求，灭火机器人要求具有机械臂模块、循迹模块化、电源模块、避障模块、Wifi模块、寻火报警、摄像头视频传输等，还具有灭火功能，该灭火机器人使用的芯片名称是三星公司的S5pv210芯片。

①控制芯片模块：SSpv210是该型号机器人核心CPU，负责协调各个模块之间的运行。

②电源模块：该模块负责为机器人其他模块供电，可以通过放置的三节理电池为各个模块充电，可以将理电池转换为5 V电流供电，并且还具有电源指示灯。

③电机驱动模块：该模块决定灭火机器人的运动方向。

④避障模块：使用的超声波避障，通过灭火机器人前方、右和左两侧的三组超声波检测器获取测量值来检查前方、左、右是否有障碍物，通过判断来确定灭火机器人的运行状态。

⑤循迹模块：该型号灭火机器人具有五个磁感应器，通过对预先设置在仓库里的带有磁条的线路，通过判断运行灭火机器人运动方式，保证日常的巡视任务。

⑥ WIFI模块：负责灭火机器人与上位机之间的通信和数据相互的传输。

⑦摄像头模块：采集化工厂仓库实时图像信息并传输到相应控制中心计算机。

⑧机械臂模块：通过4个舵机组成的4自由度机械臂，负责搬离障碍物和灭火器联动灭火。

⑨火灾探测和报警：对火源进行探测，并且利用蜂鸣器来报警。

（三）灭火机器人车体结构

灭火机器人常用车体结构有轮式和履带式，轮式和履带式各有各自的优点。履带式通过加大与地面的接触面积，加大了与地面的摩擦力，同轮式比起来比较平稳，适合于沙地、泥地等地形复杂的地方。轮式机器人更适合于马路等比较平坦的地面，它速度快，可以高速的移动，且价格上比履带式更经济，考虑到机器人主要是运用于化工仓库内，地面相对较于平坦，在经济等因素考量下，选择轮式作为机器人的车体。

（四）无线传输技术介绍

目前，常见的无线传感器网络通信技术有蓝牙技术、GPRS技术、WIFI技术、Zigbee技术、SG等。

蓝牙实质上是指通过设备与设备之间相互连接的一种无线电技术，在进行配对的时候，将两端设备之间分为主端和客端，主端发起配对，客端连接成功后，双方两端即可收发数据，为了让传输数据效率更加高效，而且可以让多台设备相连接，它的作用范围通常在10~20 m之间，蓝牙传输数据的速度一般在

748 ks ~ 1 Mbps，工作频段为 2.4 Ghz，该频段主要运用于工业、科技、医学，协议使用为 IEEE802.15 协议，蓝牙优势在于全球可用、设备众多和易于使用。

SG 是目前最新一代通信技术，下载速度能够达到 700 Mbps，意味着速度更快、延时更低，极大优化了网络体验，SG 使得工业控制达到 10 m/s 的监测周期和 1 m/s 的控制延时能够实现大量工业设备之间的通信协作，由于处理能力和基站收发的提高，其建设成本明显高于其他无线传输技术，且今年才是 SG 运用的商用元年，所以更是需要很长的时间去部署。

GPRS 是一种基于全球移动通信通讯系统的无线分组交换技术，客户只需要在使用数据的时候才占用资源，意味着其他不同的使用用户却可以使用相同的无线信道，既大大降低了用户通信费用，也提高了资源的使用效率。GPRS 的传输速度可以达到 57.6 kb/s，最高可以达到 384 kb/s，该技术作为移动通信的 2 G 与 3 G 之间的过渡技术（2.5 G），优点在于可以利用现有的移动通信资源、接入时间短（平均为 2 s）和提供一直在线功能。

ZigBee 的工作频段和蓝牙技术一样，使用的都是 2.4 Ghz 波段，其基本传输速度为 200 kb/s，如果降低传输速度不仅可以使它的范围达到 130 m 左右，还可以获得更高的稳定性，因此 ZigBee 技术主要运用于对传输速率要求不高的场所，且该技术最多可以连接外围 254 台的设备。在低功耗的时候，使用普通酸性锌锰电池可以支持 ZigBee 使用长达半年以上，它的主要优点在于持续时间长、连接设备多且低廉的成本。

WIFI 无线传输技术是由 WFCA 组织所制定，中文名又叫无线相容认证，是无线短程传输技术的一种，就是通过无线信号在数百米范围内将个人智能设备与终端通过无线相连接，无线接入点和无线网卡组成的网络构成 WIFI 网络，它的接收频段为 2.4 GHz 或者 2.5 GHz，频段越高，WIFI 芯片就越复杂，随着技术的发展，新的物理层标准不断的出现。

如今 802.11 n 已经是当初最早 802.11 b 快了将近数十倍，传输的范围也越来越广，现在我们将版本标准 IEEE802.11 统称为 WIFI，WIFI 的优势在于构建范围广的局域网、传输数据速度快、无须布线、比较安全。

WIFI 技术不需要布线，可以快速地与其他设备组建成局域网，并且其最快速度可以达到 54 M/b，即便在有障碍物或者出现信号强度弱的仓库内，传输速度也可以达到 6.5 M/b，而且不受外部环境的影响，可靠性非常高，因此选择使用 WIFI 无线传输技术同上位机之间实现数据传输。

（五）灭火机器人编程语言和程序开发设计方案

灭火机器人使用的车身和机械臂都是 C 语言编程，C 语言是高级语言，属于计算机众多编程语言中的一种，不仅仅运用于各种软件开发上，也运用于嵌入式操作系统中，通过引入指针的概念提高了工作效率，并且 C 语言还具有多种条件语句和循环语句，完成语言编程的结构化，目前，绝大多数机器人都是使用 C 语言编程的。

灭火机器人由磁循迹模块、避障模块、使用机械臂搬运和搭载水管灭火、寻火报警、遥控功能、摄像头视频传输模块等组成，通过对各种模块在编程前做出有效规划有利于提高自己的工作效率。

三、机械结构设计

通常情况下，移动灭火机器人的设计主要包括机械结构的设计和控制系统的设计。其中，机械结构的设计是移动灭火机器人系统中的核心部分，它是整个移动灭火机器人设计的前提，同时也是其他模块设计的基础。所以，首先确定了移动灭火机器人的总体设计方案，在此基础上具体论述了移动灭火机器人机械结构的设计过程，包括底盘系统各个模块的结构设计、灭火模块消防水炮的分析计算与结构设计和整个移动灭火机器人零部件的加工、制造等。

（一）总体方案设计

移动灭火机器人总体方案的设计是其他各个模块设计的指引文件，同时也是整个系统模块设计的大纲，有着极其重要的作用。

对当前国内外已经应用的移动式灭火机器人做了分析研究之后，获得了一些移动式灭火机器人设计需要的相关参数、应用条件的一些信息，同时也结合了移动灭火机器人用来实际灭火的功能，最终经过了仔细的研究确定了移动灭火机器人部分相关参数。

①移动灭火机器人的总质量（整个系统的机械结构和控制系统中的各个模块）：大约 150 kg；

②移动灭火机器人的行走系统采用耐火阻燃橡胶履带，移动灭火机器人的整体外形尺寸≤ 2000 mm × 1 000 mm × 800 mm；

③移动灭火机器人选用的是 24 V 锂电池对整个系统进行供电，行走速度大约是 2 km/h，持续工作 3h；

④移动灭火机器人可以越过最大 30° 的斜坡，能够爬楼梯，且具有较好

的地面适应能力，具有良好的通过性、缓冲吸振功能和跨越其他障碍的能力。

在以上移动灭火机器人部分相关参数的参考下，并且查询了机械设计手册中零件机械设计的详细步骤，最终制定了移动灭火机器人的具体设计方案。

（二）底盘系统设计

基于移动灭火机器人总体设计方案的流程图、移动灭火机器人的部分相关参数、SolidWorks 中的一些基础知识和机械设计实用手册中的部分知识，可以得知移动灭火机器人的机械结构的主体部分主要由底盘系统模块和灭火模块两大部分组成。移动灭火机器人的底盘行走系统主要包括支撑底盘、履带、驱动轮系、支撑载重轮系、拖链轮系和张紧装置等模块。

1. 支撑底盘设计

支撑底盘是移动灭火机器人行走系统的主要骨架，并且是其他各个模块部件安装的平台，所以此部件的设计不但需要提供一个可靠的支撑框架，而且还要有利于其他模块的安装。强度是设计移动灭火机器人需要考虑的重要因素，移动灭火机器人有时不但需要在不平稳的路面上行走，而且还要承受消防水炮的负载，紧急情况下，还需要拖动相当重量的水带前行。

基于以上分析，移动灭火机器人需要采用强度比较高的支撑底盘，由于铸造部件比较沉重，并且单位质量提供的强度比较低，因此该移动灭火机器人采用框架式的支撑底盘，在设计中使其最大限度地简单化。材料选用 5 mm 厚度的 304 不锈钢，此种合金钢极其常见，不但具有不锈钢的良好特点，而且非常便于加工焊接，同时也有利于向支撑底盘上添加加其他模块。支撑底盘轮架内的空间用来放置移动灭火机器人的驱动电机和锂电池，采用 5 mm 钢板切割而成。

2. 履带结构设计

履带是移动灭火机器人向前运动过程的主要模块，它经过履带持续的前后展开使其向前运行的，移动灭火机器人履带的结构设计主要包括以下两种。

①通过金属材料加工成的链式履带结构。它主要是通过销轴把履带板连接在一起组成，将驱动轮设计成啮合链轮式结构。此种形式的履带灵便性较好、摩擦性能比较好，但是，此履带结构和其他金属材料接触时比较容易发生爆炸。

②有不同的化学材料加工成的同步齿形带，此种结构形式的履带驱动轮是同步驱动带轮，主要是通过驱动带轮和履带的相互啮合来实现行走装置机构的行驶，此种履带结构质量轻、稳定性好、能够防止和其他金属材料接触后发生

爆炸，具有一定的防爆功能、同时能够使履带达到更高的强度和精度。

综上所述，移动灭火机器人采用耐火阻燃橡胶履带式结构，履带采用整体的橡胶纤维组成的复合材料。

通过查询履带设计的相关资料，可以得到移动灭火机器人质量和履带节距的关系式如式（7.1）所示。

$$t_0 = (15\sim17.5)\sqrt[4]{m} \tag{7.1}$$

式中

t_0——履带的节距，mm；

m——移动灭火机器人的质量，kg。

通过公式可以确定履带的节距标准选取：t_0=40 mm。

$$b = (0.90\sim1.10) \times 209 \times \sqrt[4]{m} \tag{7.2}$$

式中 b——履带的宽度，mm；

通过公式可以确定履带的宽度标准选取：b=130 mm。

综上所述，移动灭火机器人行走系统中的履带结构的模型如图 7-6 所示。

图 7-6　履带模型

3. 轮系和张紧装置设计

（1）驱动轮系。

驱动轮是移动灭火机器人行走系统中的关键零部件，其结构的优劣对于整个移动灭火机器人系统的运动性能和寿命有着非常重大的影响。驱动轮的驱动传动轴和直角减速器连接，直接把动力传递给驱动轮，进而带动行走系统的运动。移动灭火机器人的驱动轮系主要有驱动传动轴、驱动轮衬套、驱动主付轮、驱动固定轴、弹簧垫圈等组成，驱动主付轮通过驱动固定轴和内六角圆柱螺钉固定，驱动传动轴通过轴 - 轮连接衬套和平键把动力传递到驱动主轮，从而带动整个装置的行走，该驱动轮系的结构有着质量小、可靠性高、结构比较简便的特点。

根据求得带轮参数的式，可以得知驱动带轮的主要参数的数值，驱动轮系中驱动带轮的节圆直径公式如式（7.3）所示。

$$\mathrm{d}_q = \frac{t_0}{\sin\frac{180}{Z}} \tag{7.3}$$

式中

d_q——驱动带轮的节圆直径，mm；

Z——驱动带轮的齿数。

通过查询相关资料可以得到驱动带轮的齿数一般是奇数，根据要求选定此驱动带轮的齿数为 15。将以上参数带入上述公式，可以计算出其节圆直径 d_q=191 mm。

（2）支撑载重轮系。

支撑载重轮的主要作用是为了均匀分配履带所受的整个移动灭火机器人系统的接地压力，在其行走系统中一般使用直径较小的多个支撑轮，支撑轮的数量随着整个机体质量的增加而增多。支撑载重轮均匀的布置在主动轮和从动轮之间，能够最大限度地增加履带的接地长度，进而均匀分配整个机体的接地压力。

整个支撑载重轮系设计不仅能够减小移动灭火机器人在不平稳路面上行驶时产生的振动，而且也能够对履带起到一定的导向作用，同时还能够对整个机体起到一定的支撑作用，使系统具有良好的通过性。因为移动灭火机器人的重量较大，所以在跨越障碍和不平稳路面时会产生较大的振动，为了减小产生的振动对机体内部零部件和车体的摩擦受损，特设计了如图 7-7 所示的支撑载重轮系模型，此模型由左右两部分组成，每部分有三个支撑减振弹簧及对应的支撑轮、支撑轴、支撑避振弹簧座、支撑托臂等组成。为了实现比较好的控制效果以及为了减小机体的整机重量，所以系统中的支撑轮选用两个单片轮，并不是选用整体轮的结构。综上所述，该系统的设计不但能够对车体起到一定的缓冲吸振作用，而且还能够对整个移动灭火机器人机体起到一定的支撑导向作用。

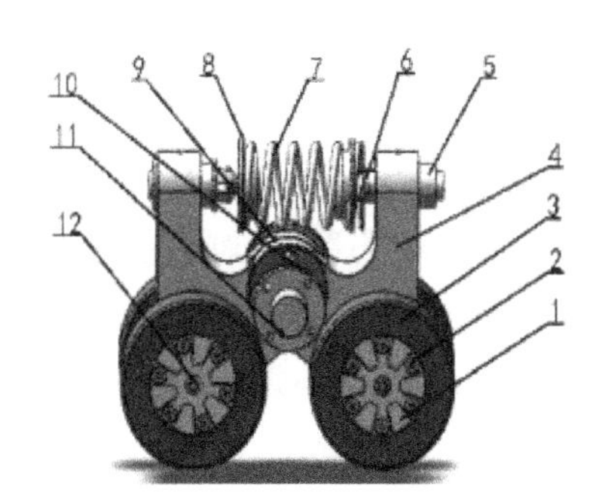

图 7-7　支撑载重轮系模型

1- 支撑轮锁紧端盖；2- 十字槽沉头螺钉；3- 支撑轮；4- 支撑托臂；5- 弹簧调节套；6- 弹簧调节轴；7- 支撑避振弹簧；8- 支撑避振弹簧座；9- 支撑托臂铜套；10- 支撑载重轴垫片；11- 支撑轴；12- 圆柱螺钉

（3）托链轮轮系。

托链轮的作用是支撑行走装置的上部区域履带，是为避免行走系统中上方的履带出现下垂的情况发生。同时托链轮的数量不能够太多，主要是为了最大限度地减小履带和托链轮之间产生的摩擦损失，单方向履带的托链轮个数一般为 1 ～ 2 个，两米之上的履带长度一般采用两个，两米之下的履带长度一般采用一个。基于以上所述的设计准则，移动灭火机器人的托链轮由左右两部分组成，每部分有两个托链轮。整个托链轮轮系主要包含拖链轮盖板、托链轮、托链轮紧缩垫片、拖轮芯轴和拖轮轴等主要部件。为了减小整个机体的重量以及为了实现比较好的控制效果，所以，托链轮使用两个单片轮，并不是使用整体轮的结构形式，同时也能够在一定程度上减小左右主梁承载能力。整个系统中托链轮轮系结构的三维实体模型如图 7-8 所示。

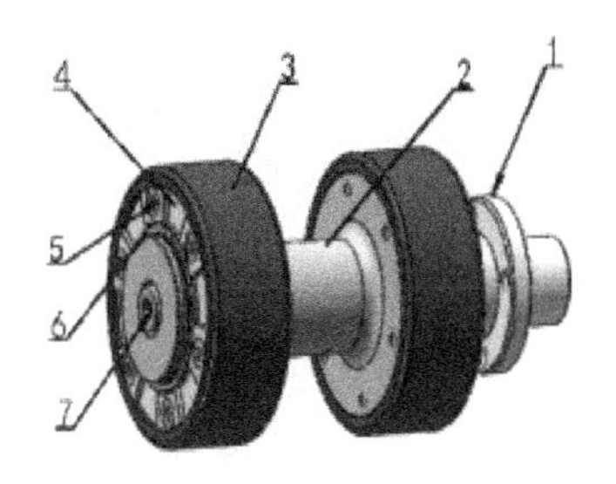

图 7-8　托链轮轮系模型

1- 托轮轴；2- 拖轮芯轴；3- 拖轮；4- 拖轮盖板；5- 十字槽沉头螺钉；6- 托轮锁紧垫片；7- 内六角圆柱头螺钉

（4）张紧装置。

移动灭火机器人的张紧系统是其行走系统中不可缺少的一个模块，它的作用是不仅能够用来调整履带的张紧程度，而且能够对履带起到一定的支撑作用，最终能够使移动灭火机器人可以顺利平稳地向前行走。移动灭火机器人的张紧装置选用了两个单片轮来张紧履带的，履带张紧度的调节是通过张紧螺杆和张紧轴的传动带动张紧导轨压紧张紧轮实现的，该张紧装置同时也有利于履带的安装和更换。其结构主要有张紧轮、张紧轮端盖、张紧导轨、张紧轴、张紧螺杆、张紧法兰和张紧轮芯轴等组成，详细的三维模型结构如图 7-9 所示。

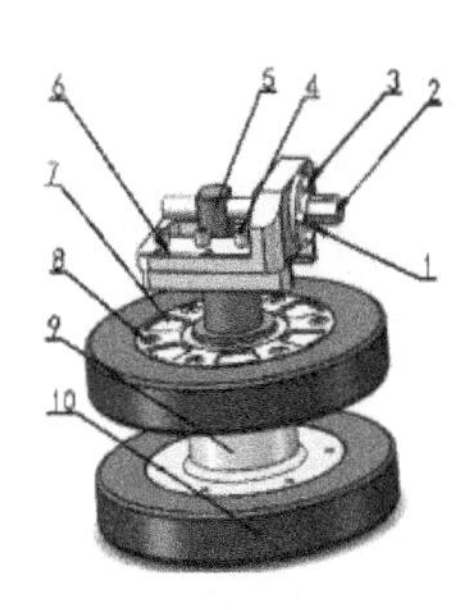

图 7-9　张紧装置模型

1- 张紧法兰；2- 张紧螺杆；3- 内六角圆柱形螺钉；4- 弹簧垫圈；5- 张紧轴；6- 张紧导轨；7- 张紧轮端盖；8- 十字槽沉头螺钉；9- 张紧轮芯轴；10- 张紧轮

（5）其他主要部分结构设计

除了以上设计的零部件之外，还包括诸如主梁、支架、罩壳、电控箱等部分，这些同样也是移动灭火机器人不可或缺的部分，对于以上所述零部件就不再详细介绍，它们的三维结构模型如图 7-10 至图 7-13 所示。

图 7-10　主梁模型

图 7-11　支架模型

图 7-12 罩壳模型

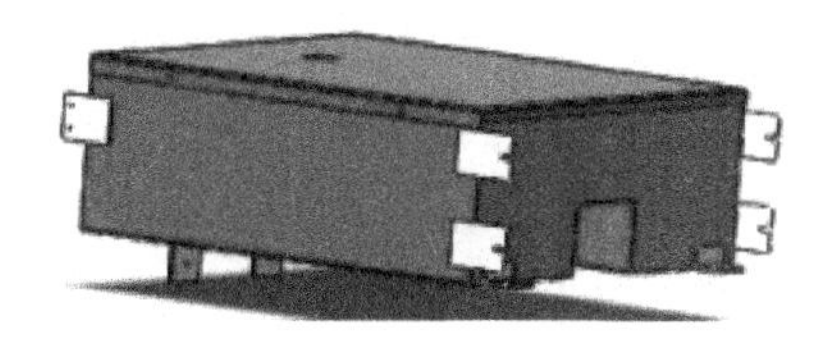

图 7-13 电控箱模型

综上所述，将以上设计的底盘系统各个轮系模块安装固定在主梁上，得到了移动灭火机器人履带行走系统的 SolidWorks 三维模型如图 7-14 所示。

图 7-14 移动灭火机器人的行走装置三维模型

由图可知，移动灭火机器人的履带行走装置固定安装到机体位置的两侧，主要包括履带、驱动轮系、支撑载重轮系、拖链轮系和张紧轮系。电机通过电机驱动器和直角减速器由驱动传动轴把运动传递到驱动带轮的，驱动带轮和履带之间相互啮合，最终来完成移动灭火机器人的前进、后退和转向等运动的。

（三）消防水炮

主要的设计要求如下。

①额定工作压力≥ 0.8 MPa；工作范围 0.8 ～ 1.4 MPa；

②额定喷射流量≥ 40 L/s；额定射程≥ 80 m；

③回转角范围≥± 90°；俯仰角范围≥ 30 ～ 70°；材质：304 不锈钢。

1. 消防水炮管道强度校核

基于设计要求，通过查看相关资料和依据管道设计的经验，最终确定水炮管道的尺寸：消防水炮管道的外径 D=94 mm，消防水炮管道的内径 d=90 mm，消防水炮管道的中径 d_z=92 mm，消防水炮管壁的厚度 S=2 mm，弯管处的弯曲半径 R_w=81 mm。

消防水炮管道壁承受的最大强度：

$$P_{\max} = 14\ \text{kg} / \text{cm}^2 (1.4\ \text{MPa}) \tag{7.4}$$

消防水炮管道承受的径向力：

$$N_{\text{j}} = \frac{P_{\max} d_z / 2}{2} = \frac{14 \times 9.2}{4} = 32.2\ \text{kg} / \text{cm} \tag{7.5}$$

消防水炮管道承受的周向力：

$$N_{\text{z}} = 2N_j = 2 \times 32.2 = 64.4\ \text{kg} / \text{cm} \tag{7.6}$$

基于应力公式：

$$\sigma = \frac{N}{S} \tag{7.7}$$

所以消防水炮管道承受的径向应力：

$$\sigma_j = \frac{N_j}{S} = \frac{32.2\ \text{kg} / \text{cm}}{0.2\ \text{cm}} = 161\ \text{kg} / \text{cm}^2 \tag{7.8}$$

消防水炮管道承受的周向应力：

$$\sigma_{\text{z}} = \frac{N_z}{S} = \frac{64.4\ \text{kg} / \text{cm}}{0.2\ \text{cm}} = 322\ \text{kg} / \text{cm}^2 \tag{7.9}$$

消防水炮管道承受的拉伸应力公式：

$$\sigma_1 = \frac{P_{\max} \dfrac{\pi d_z^2}{4}}{\dfrac{\pi\left(D^2 - d^2\right)}{4}} = \frac{P_{\max} \times d_z^2}{D^2 - d^2} \tag{7.10}$$

消防水炮管道承受的拉伸应力为：

$$\sigma_1 = \frac{P_{\max} \times d_z^2}{D^2 - d^2} = \frac{14 \times 9.2^2}{9.4^2 - 9^2} = 161\ \text{kg/cm}^2 \tag{7.11}$$

304 不锈钢的抗拉强度：

$$\sigma_{\text{b}} = 520\ \text{MPa} = 5\,200\ \text{kg} / \text{cm}^2 \tag{7.12}$$

安全系数 $\delta = 3$

$$[\sigma_{\text{b}}] = \frac{\sigma_b}{\delta} = \frac{5\,200\ \text{kg} / \text{cm}^2}{3} = 1\,733\text{kg} / \text{cm}^2 \tag{7.13}$$

通过上述计算可知：$\sigma_{\text{j}} \leqslant [\sigma_{\text{b}}]$，$\sigma_{\text{z}} \leqslant [\sigma_{\text{b}}]$，$\sigma_{\text{t}} \leqslant [\sigma_{\text{b}}]$，因此消防水炮管道的

外径 D=94 mm，消防水炮管道的内径 d=90 mm，消防水炮管道的厚度 S=2 mm 的炮身管道尺寸达到安全系数的要求，从而达到了设计标准。

2. 炮头结构设计及喷射速度计算

炮头是整个消防水炮结构中最为重要的部件，主要的功能是把流经炮身管道流体的压力能转化为喷射时水流的动能，其结构的合理性决定着水炮的射程，其中喷射出口的设计是消防水炮最核心的位置。消防水炮的炮头主要由推杆、水流格体、水流芯、喷管和旋钮等部件组成。炮身出口处通过炮头过渡接口与炮头连接在一起，水流流进炮头时，首先在推杆的驱动作用下，流经水流格体的水流呈层流状态，此状态可以最大限度地降低水流产生的压力损失。随着炮头内径的不断减小，使其水流的速度不断增大，最后，水流经过水流芯流入到内喷管，水流的速度急剧增大，从而使喷射出口的水流实现较远的射程。移动灭火机器人灭火模块中消防水炮头的具体结构如图 7-15 所示。

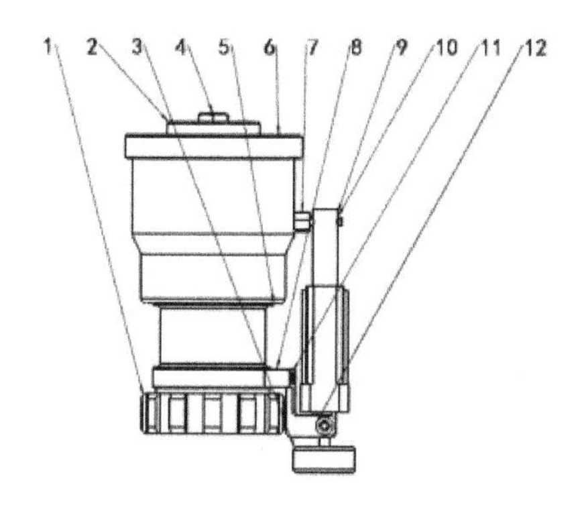

图 7-15 炮头结构图

1 炮头过渡接头；2 水流芯；3 旋钮；4 水流芯盖；5 内喷管；6 外喷管；7 推杆前座；8 推杆后座；9 炮头推杆；10 轴用弹性挡圈；11 圆柱螺钉；12 转轴螺钉

消防水炮喷射出口的速度计算：假定在理想状态条件下，且喷射水流的落地点和水炮的喷射出口在同一个平面，那么消防水炮出口处的喷射与弹道运动的形式基本相同，消防水炮的理论射程公式如式（7.14）所示。

喷射出口水流垂直向上运行的时间：

$$t_1 = \frac{v_0 \sin\theta}{g} \tag{7.14}$$

喷射出口水流运行的总时间：

$$t = 2t_1 = \frac{2v_0 \sin\theta}{g} \tag{7.15}$$

喷射出口水流运行的水平射程：

$$L = v_0 \cdot \cos\theta \cdot t = \frac{v_0^2 \sin 2\theta}{g} \tag{7.16}$$

式中

v_0——喷射出口处水流的喷射速度（m/s）；

L——喷射出口处水流的水平射程（m）；

θ——喷射出口和水平面的角度（°）；

t——喷射出口处水流运行的总时间（s）；

t_1——喷射出口处水流向上运行的时间（s）；

g——重力加速度（9.8 m/s²）。

根据式$t_1 = \frac{v_0 \sin\theta}{g}$可以得知，当$\theta = \frac{\pi}{4}$时，消防水炮喷射出口处的水流射程才能达到最大值，消防水炮的射程 $L \geqslant 80$ m，所以：

$$L = \frac{v_0^2 \sin 2\theta}{g} \leqslant \frac{v_0^2}{g} \tag{7.17}$$

$$v_0 \geqslant \sqrt{Lg} = \sqrt{80 \times 9.8} = 28\text{m/s}$$

因此，如果消防水炮的射程不小于 80 m，其喷射出口处水流的喷射速度必须大于 28 m/s，但是，实际情况下会受到空气中的阻力、空气中的湿度和水流的重力影响，消防水炮喷射出口处的水流最大射程并非在 θ=45°，通过分析和研究国内外各种参考资料，可以得到消防水炮喷射出口处的水流最大射程在 θ=30°，可以得到

$$v_0 = \sqrt{Lg / \sin 2\theta} = \sqrt{80 \times 9.8 / \sin 60^\circ} = 30.1\text{m/s} \tag{7.18}$$

因此，若使消防水炮喷射出口处的水流射程不小于 80 m，则喷射出口处水流的喷射速度必须大于 30.1 m/s。

3. 蜗轮蜗杆设计计算

消防水炮的回转角（≥ ±90°）和仰俯喷射角度（30°～70°）是采用蜗杆带动蜗轮管机构调节的，且弯管和蜗轮管通过相互焊接在一起使消防水

炮的炮身发生旋转的。在模数不变的条件下，蜗杆的分度圆直径随着其直径系数的变大不断地变大，同时也使蜗杆的强度不断的随之增强，进而使蜗杆机构的传动效率逐渐升高。通过查询资料可知中型消防水炮的蜗杆头数通常取值 1 ～ 10，普遍采用的有 1、2、4、6。当蜗杆传动机构有着自锁功能并且其传动比偏大的情况下，通常选用 z_1=1。基于参考文献中的圆柱蜗杆相关参数及和蜗轮参数相匹配的数值图表计算公式，最终确定出以下参数的数值：a=80 mm，i=53，m=2.5，d_l=28 mm，z_1=1，z_2=53，x_2= － 0.1，γ =5°　6′ ″ 。

蜗杆齿顶圆直径为

$$d_{a1} = d_1 + 2h_{a1} = d_1 + 2h_a^* m = 28 + 2 \times 1 \times 2.5 = 33\,\text{mm} \tag{7.19}$$

蜗杆齿根圆直径为：

$$d_{f1} = d_1 - 2h_{f1} = d_1 - 2m\left(h^* + c^*\right) = 28 - 2 \times 2.5 \times \left(1 + 0.2\right) = 22\,\text{mm} \tag{7.20}$$

蜗杆齿宽为

$$b_1 \geq \left(11 + 0.06z_2\right)m = \left(11 + 0.06 \times 53\right) \times 2.5 = 35.45\,\text{mm} \tag{7.21}$$

取 b_1=36 mm，蜗轮的喉圆直径为

$$d_2 = mz_2 = 2a - d_1 - 2x_2 m = 2 \times 80 - 2 \times \left(-0.1\right) \times 2.5 = 132.5\,\text{mm} \tag{7.22}$$

蜗轮的齿顶圆直径为

$$d_{a2} = d_2 + 2m\left(h_a^* + x_2\right) = 132.5 + 2 \times 2.5 \times \left(1 - 0.1\right) = 137\,\text{mm} \tag{7.23}$$

蜗轮的齿根圆直径为

$$d_{f2} = d_2 - 2m\left(h_a^* + c^* - x_2\right) = 132.5 - 2 \times 2.5 \times \left(1 + 0.2 + 0.1\right) = 126\,\text{mm} \tag{7.24}$$

当 $z_1 \leqslant 3$ 时，$b_2 \leqslant 0.75d_{a1} \leqslant 0.75 \times 33 = 24.75$ mm

取蜗轮的齿宽 b_2=24 mm，蜗轮的齿顶圆的弧面半径如下式所示：

$$R_{a2} = \frac{d_1}{2} - m = \frac{28}{2} - 2.5 = 11.5\,\text{mm} \tag{7.25}$$

蜗轮齿根圆的弧面半径为

$$R_{f2} = \frac{d_{a1}}{2} + c^* m = \frac{33}{2} + 0.2 \times 2.5 = 17\,\text{mm} \tag{7.26}$$

蜗杆的节圆直径为

$$d_1 = d_1 + 2x_2 m = 28 - 2 \times 0.1 \times 2.5 = 27.5\,\text{mm} \tag{7.27}$$

4. 水流速度理论计算

上节确定的消防水炮管道的尺寸如下式所示：消防水炮管道的外径 D=94 mm，消防水炮管道的内径 d=90 mm，消防水炮管壁的厚度 S=2 mm，弯管处的弯曲半径 R_w=81mm。要求：额定工作压力是 0.8 MPa，额定喷射流量是 40 L/s。

经过高压水泵的加压，水流通过水带接口和车载水源设备的连接流入炮身，如果水炮的流量不变，随着高压水泵压力的不断增大，水流的初速度随之逐渐增大，最终使消防水炮喷射出口的水流射程越远。根据能量守恒定律能够对消防水炮管道进水口的初速度进行理论计算：

$$q = Av \quad A = \frac{\pi}{4}d^2 \tag{7.28}$$

$$q = \frac{\pi}{4}d^2 v$$

$$v_{in} = \frac{4q}{\pi d^2} = \frac{4\times 40\times 10^{-3}}{3.14\times 90^2\times 10^{-6}} = 6.29\ \text{m/s}$$

因为流体具有一定的黏性力的作用，所以消防水炮管道内的流体在实际的运动过程中会因克服粘性产生的摩擦力造成部分能量的损失，从而导致管道内流体的能量顺着其运动方向不断地变小。所以可以得知实际运动中的流体伯努利方程为

$$\frac{P_{\text{in}}}{\rho g} + z_1 + \frac{\alpha_1 v_{\text{in}}^2}{2g} = \frac{P_{\text{out}}}{\rho g} + z_2 + \frac{\alpha_2 v_{\text{out}}^2}{2g} + h_{\text{w}} \tag{7.29}$$

式中 α_1、α_2——修正系数，层流为 2，紊流为 1。

h_{w}——阻力损失。

h_{w} 为阻力损失＝直管沿程阻力损失＋弯管局部沿程阻力损失。

对于直流管道沿程阻力损失有以下公式：

$$\Delta h_{\text{f}} = \lambda \frac{v_{\text{in}}^2}{2g}\frac{L}{d} \tag{7.30}$$

式中 λ——摩擦系数。

L—直流管道长度（m）。

λ 的值和雷诺系数 Re 相关，Re ≥ 2 300 是紊流运动，Re ≤ 2 300 是层流运动。Re_k=2 300 是临界雷诺系数。

对于圆形截面管路的雷诺数有以下公式：

$$\mathrm{Re}=\frac{v\cdot d}{\omega}$$

$$\mathrm{Re}=\frac{6.29\times 0.09}{0.001}=566.1 \tag{7.31}$$

式中 ω——水的运动黏度，其值为 0.001 m^2/s。

通过上述计算可知：$\mathrm{Re}\leqslant 2\,300$，因此，消防水炮管道内的水流运动是层流运动，进而可以得到层流运动的摩擦系数如下：

$$\lambda=\frac{64}{\mathrm{Re}}=\frac{64}{566.1}=0.113 \tag{7.32}$$

通过消防水炮的模型得知，直流管道的长度 L 为 590 mm。

可以得到直流管道沿程阻力损失如下式所示：

$$\Delta h_f=\lambda\frac{v_{in}^2}{2g}\frac{L}{d}=0.113\times\frac{6.29^2}{2\times 9.8}\times\frac{590}{90}=1.5\ \mathrm{m} \tag{7.33}$$

弯曲管道沿程阻力损失如下式所示：

$$\Delta h_k=k\frac{v^2}{2g} \tag{7.34}$$

通过查阅资料可知，弯曲半径 R_w=81 mm，相当于管进口突然减小，$k\approx 0.5$ 共有两处弯曲管道，所以：

$$\Delta h_k=2k\frac{v^2}{2g}=2\times 0.5\times\frac{6.29^2}{2\times 9.8}=2.02\ \mathrm{m} \tag{7.35}$$

管道阻力损失为

$$h_w=\Delta h_f+\Delta h_k=1.5+2.02=3.52\ \mathrm{m} \tag{7.36}$$

将其带入到伯努利方程公式可以得到

$$v_{\mathrm{out}}=35.2\ \mathrm{m/s} \tag{7.37}$$

因为 $v_{\mathrm{out}} > v_0$，所以消防水炮符合射程要求。

综上所述，移动灭火机器人的灭火模块是通过消防水炮来实现的，消防水炮主要由炮头、蜗轮蜗杆传动机构、电机、炮体固定板和炮身等其它部件组成。水流通过水带接口和车载水源设备相连接流入炮身，炮身等同于一个过流部件。炮身主要由水带接口部件、云台底板、导流板、水带转接部件、弯管、俯仰球头、泄水阀、进水管和出水管等部件组成。如果炮身内的水流始终保持平行流线流动并且保持匀速的流动，则能够非常明显地提高出口处的水流喷射距离，所以在设计时一定要保持水带接口的中心线和炮头入口的中心线相互重合。特把消防水炮的结构设计成近似“U”形，水流流经弯曲管道时能够使其在管道的内侧形成强烈的涡流，进而出现剧烈的渐变流和急变流，这种传输方式能够使其产生强烈的动量输运，对炮头喷射出口处的水流射程距离有着非常重要的影响。根据上述的参数计算和理论分析设计出消防水炮结构的三维实体模型如图 7-16 所示。

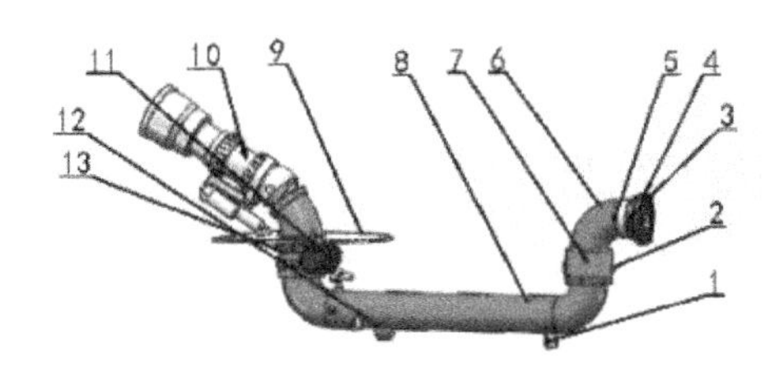

图 7-16　消防水炮模型

1 炮体固定板；2 限位螺钉；3 水带转接口；4 转接口焊件；5 导流板；6 弯管；
7 水带转接部件；8 下水管；9 云台底板；10 炮头部件；11 驱动电机；
12 蜗杆涡轮机构；13 泄水阀

最后，在 SolidWorks 中对以上设计的所有模块的零部件进行装配，得出了移动灭火机器人总装配体的虚拟样机模型，如图 7-17 所示。在图中可以看到，移动灭火机器人总装配体的虚拟样机模型中不仅包括以上设计的各个模块的零部件模型，而且也包含了一些为了实现其他功能，自己设计的用来装配的其他的一些零部件。

图 7-17　整体三维模型

综上所述，上图所建立的装配体即是移动灭火机器人的整体三维模型，该模型不仅为零部件加工、制造、装配提供了良好的条件，而且也为关键零部件有限元分析以及消防水炮的流道仿真奠定了坚实的基础，同时对于零部件机械结构图纸的绘制也有非常重要的作用。

（四）基于 Fluent 消防水炮流道仿真分析

Fluent 是当今世界使用的比较多的商用 CFD 软件包，主要主用是模拟由不能够压缩的液体到能够压缩的液体的复杂流动情况，因为使用了多重网格加速的收敛方法以及多种不同形式的的求解方案，所以，Fluent 可以实现最好的求解精度。使用 Fluent 对消防水炮的流道结构进行计算机模拟仿真，能够通过查看其仿真的速度云图和速度曲图线图得知消防水炮出口的喷射速度情况，能够使其速度流场可视化，同时也能够看到不同管道位置的压力和速度等相关参数的变化。通过分析以上相关参数的云图，能够分析出液体在流场中的动静态的特性。基于这些相关参数对装置结构性能的影响，能够为消防水炮的结构设计奠定理论基础。

因为 Fluent 的主要作用是用来计算流体流动特性的，需要在每个网格的基础上对其离散方程进行计算，因此，在对其分析之前首先需要对流体的流道进行三维结构建模。基于之前所得到的消防水炮的模型和管道内径，并且运用 SolidWorks 软件对水炮流道结构进行三维实体建模。为了对消防水炮流道的 Fluent 仿真做进一步的准备，需要将在 SolidWorks 建立的三维模型保存成 x_t 格式文件，以便于把三维模型导入到 ICEM CFD 软件来划分网格。该移动灭火机器人水炮流道结构的三维实体模型如下图 2-18 所示。

把建立的消防水炮流道结构的三维实体模型导入到 ICEM CFD 中并且对其流道结构进行网格的划分，划分的流道结构网格体积的数值可以使用 Fluent 软件进行分析计算，为使流道结构划分的网格效果达到最佳，流道结构模型网格的划分采用的是四面体结构，当划分完网格以后，然后使用 Export 命令将其保存为 *.Mesh 格式的文件，由于该格式的文件可以被 Fluent 软件读入且运行计算。将以上保存的 Mesh 格式的文件导入到 Fluent 软件后，进而验证所划分网格的合法性，此时应当在 Fluent 软件命令行中输入 grid check，通过运行查看划分最小单元体积的数值判断划分的网格是否正确，若计算结果的最小单元是负体积，则表明划分的网格错误，就不能进行后续的计算。

网格划分的最小单元体积为 $5.632\,739 \times 10^{-9}\,m^3$，所以对于消防水炮流道结构划分的网格满足要求。

消防水炮流道内流动水流的雷诺系数 $Re < Re_k$，因此在 Fluent 计算时，需设定流道内流体流动的形式呈层流运动。设定仿真模拟的边界条件：流体为水，y 轴重力加速度为 $-9.81m/s^2$，进口处的水流速度为 6.29 m/s。设定完边界条件后对其进行迭代计算，进而对移动灭火机器人消防水炮流道结构进行 Fluent 仿真模拟。

因为弯管会对其速度的变化产生一定的影响，使其速度的质点出现了一定的扰动、碰撞等现象，然而并未产生比较大的涡旋，弯管处的速度矢量场局部变化较稳定，没有出现比较大的波动，速度值仅仅发生了微量变化，因此导致了一定的压力和能量的损失。

（五）移动灭火机器人制造和装配

在以上所设计的移动灭火机器人总装配体的条件下画出各个零部件的图纸，并且根据绘制的图纸对各个零部件加工制造，最终加工制造得到了所有零件的实物。并且采购了装配所需要的螺丝和轴承等其他标准件，最终，基于设计的移动灭火机器人装配体模型，将加工制造的所有的零部件实物和标准件进行装配，得到了移动灭火机器人的试验样机。

四、避障系统设计

（一）避障系统设计思路

从灭火机器人的避障功能实现考虑，系统设计应有系统的响应速度、障碍物的通过宽度以及探测范围等指标。从安全角度出发，还需要确定机器人的行进速度的指标。如表 7-3 所示。

表 7-3　避障系统设计指标

<table>
<tr><td colspan="3">避障系统设计指标</td></tr>
<tr><td colspan="2">系统响应时间</td><td>小于 200 ms</td></tr>
<tr><td colspan="2">机器人通过宽度</td><td>1.5 m 以内</td></tr>
<tr><td colspan="2">机器人行进速度</td><td>常速下应达到 3 m/s</td></tr>
<tr><td rowspan="3">探测范围</td><td>角度</td><td>包含机器人前进方向 120°</td></tr>
<tr><td>高度</td><td>3 m 以上</td></tr>
<tr><td>距离</td><td>能检测到 10 m 内障碍物</td></tr>
</table>

表中系统响应时间指灭火机器人从发现火情到执行避障程序的反应时间；机器人通过宽度为了避免剐蹭设定为机器人宽度 1.5 倍；行进速度涉及电机的性能和机器人自重导致的减速性能较差，因此从安全性考虑不宜过快；探测范围分为探测角度、高度和探测距离，为了满足避障需求探测角度不能过窄，从通过性考虑高度也应大于机器人本身高度且留有余量，探测距离在保证准确性的前提下尽量加长，设定为 10 m。灭火机器人智能避障系统的功能需求如下：①能够准确到达目标位置；②能够准确实别前进路径以及周边的障碍物；③能够准确实别火源；④能够快速加速减速运动；⑤在前进过程中顺利避障，不与障碍物发生碰撞或剐蹭；⑥在障碍物分布情况复杂的情况下，能够顺利通过狭窄区域。避障系统所要实现的功能主要有两点，首先确定火源位置，然后避开障碍物到达火源位置。在进行避障路径规划时，第一步要做的就是随机器人感知周边环境信息。就避障来说，防撞避障可分为两类设计：一是接触式设计，传感器通常是放于车底，探测外界依据非接触式超声波传感器检测，进而可以达到缓冲的目的；另外一种便是非接触式设计，这种设计大多数情况是通过使用非接触类传感器放置于车正前方，这种方法可以起到有效避免在行驶时撞到障碍物的功能。在此采用非接触式设计，同时安装超声波测距传感器，红外线温度传感器以及火焰探测器用于全面地收集火场环境信息。其中火焰探测器用于确定火源位置，给灭火机器人提供移动方向；超声波和红外温度传感器用于感知近点障碍物，确保机器人安全行进。传感器采集信号进行低噪声放大与滤波等处理后，其中超声波传感器与红外温度传感器的信号用于规避障碍物、确定机器人转向方向，火焰探测的外部数据，进行位置计算与避障判断，计算出灭火机器人当前位置，进行前进路径的判断，最后输出驱动信号驱动电机控制机器人移动。图 7-18 为避障系统设计思路示意图。

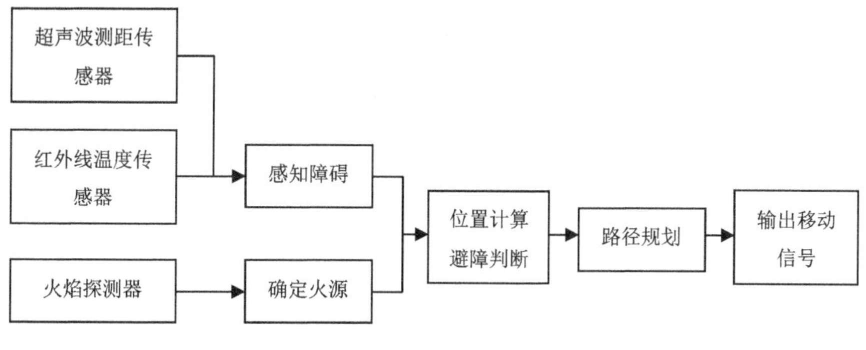

图 7-18　避障系统设计思路示意图

（二）避障系统工作方案

智能灭火机器人底盘前端的前、左、右三个方位上分别安装了超声波传感器，左右两端安装红外线温度传感器，上方安装两个火焰检测传感器。这种方式可以在获取障碍物实时信息之后，进一步清晰准确的操控接下来的走向。判断的情况如下：①当超声波传感器检测到前方障碍物，左、右都未检测到障碍物时，根据红外传感器左右温度对比，机器人将向温度高的一侧转弯；②当传感器检测到前、左两个障碍物时，机器人将向右转弯；③当传感器检测到前、右两个障碍物时，机器人将向左转弯；④当前方未检测到遮挡物的时候，这时机器人可以持续前进。该系统可以及时的处理传感器传回的数据，确定行进的方向，实现智能灭火机器人的直线运动和转弯等动作。其中火焰探测器远距离确定火源，保证机器人在大局上是向着火源方向前进的；超声波传感器用于规避近点障碍，防止与障碍物碰撞；红外温度传感器用于补充超声波传感器的不足，在无法前方无法前行时判断左右方向的温度确定转向方向。

第二节　擂台机器人

一、擂台机器人整体结构

擂台机器人采用差分驱动的轮式结构，整体为正方形构型，底盘尺寸为 240 mm × 240 mm，重量约为 3.8 kg，金属外壳，全身黑色，四周装有多个红外测距和红外光电开关传感器，使用 4 个轮子进行驱动。

机器人控制结构采用 ST（意法半导体）公司的 STM32F 103 作为主控器，通过汇承蓝牙串口 HC-O5 和上位机进行数据交换。红外光电开关传感器型号为 E18-D80NK，有效距离为 3~80 cm；红外测距传感器采用夏普 GP2YOA02YKOF，测量距离为 20~150 cm；电机驱动采用 Infineon（英飞凌）的 BTN7971 芯片，电机使用冯哈勃 2342L012 空心杯减速电机，最大空转速度 8 100 r/m，扭矩 1.72N·m；控制卡和电机分别采用 7.4 V、11.1V 理电池供电[①]。

控制卡作为机器人的核心，与其他各部分相连接：通过 IO 口连接红外光电开关传感器，通过 8 路 ADC 接口连接红外测距传感器，通过 2 路 PWM 和 IO 口连接电机驱动模块，通过串口连接无线蓝牙串口模块。而电机驱动模块则

① 陆翔，刘邦经. 基于 STM32 的嵌入式综合实验开发平台研究 [J]. 实验室研究与探索，2017，36（10）：57-60.

与电机相连接，控制机器人的运动。控制卡将传感器采集到的环境信息通过无线蓝牙串口传输给上位机，上位机进行分析计算后，再将结果传输回控制卡。

二、机器人控制系统设计

（一）MCU 选型

机器人的控制卡与其他模块连接时，需要 2 路 PWM，8 路 ADC、串口、多路 IO 口等，需要的资源较多；机器人武术擂台赛对抗实时性强，对于作为控制卡核心的 MCU 的运算速度和效率等都有较高要求。综合多方面考虑，最终控制卡的核心芯片选用 ST（意法半导体）的 STM32F 103，该芯片属于 Cortex-M3 系列。

STM32F 103 拥有的资源包括：64KB SRAM，512KB FLASH，2 个基本定时器、2 个高级定时器、4 个通用定时器、3 个 SPI，5 个串口、2 个 IIC，1 个 CAN，1 个 USB，1 个 12 位 DAC，3 个 12 位 ADC，1 个 FSMC 接口、1 个 SDIO 接口以及 112 个通用 IO 口。该芯片的配置十分强悍，并且还带外部总线（FSMC）可以用来外扩 SRAM 和连接 LCD 等，通过 FSMC 驱动 LCD，可以显著提高 LCD 的刷屏速度。而其 10 元左右的零售价，性价比足以秒杀很多其他芯片，所以选择了它作为机器人系统的主芯片。

（二）控制卡电路设计

1. 最小系统电路

除了组成最小系统所需的电阻电容电感外，还有一个按键 KEY1 用来组成复位电路。

2. 电源电路

电源电路是一个系统工作稳定的保证。控制卡上共需要 2 种电压：5 V 和 3.3 V。其中，ADC 接口电路、IO 口电路、LED 等需要用到 SV 电压；JTAG 电路、电机驱动接口电路、串口电路等则需要用到 3.3 V 电压。控制卡直接由额定电压为 7.4V 的 2 S 电池供电，因此，所需的 5 V 和 3.3V 电压需要通过电源电路转化来得到。

电源电路共用到 2 个稳压芯片。LM2596S-5.0 是一款开关式稳压器，采用 TSSB N 封装，输入电压最大值为 40V，输出电压为 5V，工作温度范围可从 -40℃到 +125℃。AS1117-3.3 采用 TO-252 封装，可以把 LM2596S-5.0 稳压后的 5V 电压，再降为 3.3 V。这两款芯片性能稳定，在嵌入式系统中都有着良好的应用。

3.JTAG 电路

JTAG(Joint Test Action Group，联合测试工作组)，主要用于下载和调试程序，进行芯片内部测试。JTAG 编程是一种在线编程方式，传统的编程调试方式是先对芯片进行预编程然后再把程序下载到板子上，而更加简洁高效的方式是先把器件固定到电路板上，然后再用 JTAG 进行编程调试，这样可以大大提高编程和调试的效率。

控制卡采用标准的 20 针 JTAG 接口电路，通过 Jlink 仿真器与电脑相连，用于在线调试和下载程序，方便进行实验和程序优化。

4.ADC 接口电路

STM32 拥有 3 个 ADC，这几个 ADC 可以各自独立使用，也可使用双重模式。STM32 的 ADC 为 12 位逐次逼近型的模拟数字转换器，它拥有 18 个通道，可以测量 2 个内部和 16 个外部信号源，ADC 转换后的结果可通过右对齐或者左对齐方式存储于 16 位数据寄存器当中。它的最大转换速率是 1 MHz，换算成转换时间是 1 μs（此时 ADCCLK=14 M，采样周期是 1.5 个 ADC 时钟）[①]。

控制卡引出 10 路 ACD 接口，主要用于和红外测距传感器相连接。插槽设计上，引出 ADC、GND 和 SV 电源，使得传感器的 3 线接口直接插到控制卡的 ADC 插槽上就能使用。

5.IO 口电路

控制卡共引出 12 个 IO 口接口，主要用于连接红外光电开关传感器。插槽设计上，引出 IO，GND 和 SV 电源，使得传感器的 3 线接口直接插到控制卡的 IO 口插槽上就能使用[②]。

6. 电机驱动接口电路

电机驱动接口电路用于和电机驱动模块相连接，进而实现控制卡对电机的控制。控制卡上引出的 2 个电机驱动接口，为 3 针设计，包括一个 PWM 口、一个 IO 口和一个 3.3 V 电压口，PWM 口用来控制电机的转速，IO 口用来控制电机的转向。

---

① 沙晶晶，董洪军，李蒙 . 多路数据采集系统的设计与实现 [J]. 现代电子技术，2012，35（21）：59-61.
② 侯崇升 . 现代调速控制系统 [M]. 北京：机械工业出版社，2006.

第三节 吸尘机器人

一、吸尘机器人的总体设计方案

（一）总体原理

该智能吸尘机器人利用了超声波测距系统作为其传感部件，通过向前进方向发射超声波脉冲，并接收相应的返回声波脉冲，对周围环境中的障碍物进行判断；它通过以单片机为核心的控制器实现对超声波发射和接收的选通控制，并在处理多路返回脉冲信号的基础上加以综合判断，选定相应的路径规划策略；通过驱动器，驱动两步进电机，带动驱动轮，从而实现自主移动和避障的功能。与此同时，由其自身携带的小型真空吸尘部件，对经过的地面进行必要的吸尘清扫。

（二）各功能部件的实现思路

1. 传感模块

（1）传感器的选择。

对机器人来说，所需测量的距离一般为零点几毫米到几十米远，因此机器人测距传感器的测量范围一般都包含在这个范围内。根据所采用的原理不同，机器人测距传感器可以分为以下几种。

①电磁类测距传感器。电磁类测距传感器主要有三种类型，它们分别基于电磁感应、霍尔效应、电涡流原理。

电磁感应测距传感器的核心由线圈和永久磁铁构成，当传感器远离或靠近铁磁性材料时，会引起永久磁铁磁力线的变化，从而在线圈中产生电流。当传感器与被测物体相对静止时，由于磁力线不发生变化，因而线圈中没有电流，因此这种传感器只是在外界物体与之产生相对运动时，才产生输出，且随着距离的增大，输出信号明显减弱，因而这种类型的传感器只能用于很短距离的测量[①]。

电涡流测距传感器的最简单的形式只包括一个线圈，线圈中通入交变电流，当传感器与外界导体接近时，导体中感应产生电流，即电涡流效应，传感器与外界导体的距离变化能够引起导体中所感应产生电流的变化。通过适当的检测

① 高国富，谢少荣，罗均．机器人传感器及其应用 [M]. 北京：化学工业出版社，2005.

电路，可从线圈中耗散功率的变化中，得出传感器与外界物体之间的距离[①]。

②电容式测距传感器。此类传感器通过检测外界物体靠近传感器所引起的电容变化来反映距离信息。最基本的用来检测电容变化的电路中，将电容作为振荡电路中的一个元件，只有在传感器电容值超过某一阈值时，振荡电路才开始振荡，将此信号转换成电压信号，即可表示与外界物体的距离。电容式传感器只能用来检测很短的距离，一般仅为几个毫米，超过这个距离，传感器的灵敏度将急剧下降，并且由于内部采用阈值判断，不能起到精确测量的作用，而只能实现开关的工作方式。因此，不适合精确的测距用途[②]。

③超声测距传感器，在排除了以上几种测距传感器的条件下，我们选择了超声测距传感器，作为智能吸尘机器人的主要传感部件。主要有以下几方面的因素。

测距方式原理简单，便于实现。

测距范围可以从几厘米一直到几十米，完全满足了智能吸尘机器人产品的要求。

测距精度高，整体误差可以控制在量程的 0.5% 范围内。

被测物体的最小尺寸可以通过选择测量用超声波信号的波长（频率）来决定。

目前，超声波测距传感器在移动式机器人导航中应用十分广泛。它的测量原理是基于测量渡越时间，即测量从发射换能器发出的超声波，经目标反射后，沿原路返回到接收换能器所需的时间。由渡越时间和介质中的声速即可求得目标与传感器之间的距离。

（2）传感模块的功能构建。

①传感器数量的选择。由于机器人需要检测的范围包含整个前进方向，因此，传感器的测量范围也必须以此为依据；同时，为了能够为避障和轨迹规划提供更多的环境参数，机器人对于其左右两边的环境也要加以探测。因此，在设计中，我们总共选择了 5 对（共 10 个）超声传感器。其中三对用于正前方，另外两对左右各一。

②实际探测范围。由于每一个超声波传感器都有其一定的信号有效范围，因此，传感器的整体布局就直接决定了智能吸尘机器人的实际可探测范围。对于单对超声传感器，其所能探测的可靠区域是指发射探头和接收探头共同的信号有效区域。而由几个信号有效区域组合在一起，就形成了实际可探测范围[③]。

① 袁夫彩．工业机器人及其应用 [M]. 北京：机械工业出版社，2018.
② 孟庆鑫，王晓东．机器人技术基础 [M]. 哈尔滨：哈尔滨工业大学出版社，2006.
③ 张利红，陈伯俊．一种低成本超声波测距仪的设计 [J]. 化工自动化及仪表，2010，37（08）：49-52.

以前方三组传感器为例，我们在布置时是按照一定的尺寸要求，使三对传感器共同组成的探测范围完全包括了吸尘机器人所须通过的空间。我们在机器人运动方向上划分出不同的区域，离车身较远的是测量区，传感器的可靠测量集中在这一部分。而距离比较近的是盲区。在这一区域内，由于传感器自身存在的缺陷以及安装结构的局限，使机器人对于障碍物的测量存在盲点，是测量的不可靠区域。由于机器人是在运动中的，因此，只要使实际的测量区有一定的宽度，就能保证系统的可靠测量[①]。

2. 驱动模块

（1）驱动部件的选取。

在智能吸尘机器人的设计中，我们采用了步进电机作为主要驱动部件。采用步进电机的主要优点如下。

①控制信号简单，且便于数字化接口。

②相对于直流电机，驱动电路更简单。

③调速方便。

（2）驱动模块的工作方式。

整个驱动部分是由两四相步进电机以及相应的驱动机构组成的。步进电机带动两驱动轮，从而推动吸尘机器人运动。前轮不再采用传统的双轮结构，而采用了应用非常广泛的平面轴承，这既减小了结构复杂度，又提高了转弯的灵活性。通过改变作用于步进电机的脉冲信号的频率，可以对步进电机实现较高精度的调速。

同时对两电机分别施加相同或不同脉冲信号，通过差速的方式，可以方便地实现吸尘器前进、左转、右转、后退，调头等功能。这一设计的最大优点是吸尘机器人能够在任意半径下，以任意速度实现转弯，甚至当两后轮相互反向运动时，实现零转弯半径。同时转弯的速度可通过改变单片机的程序来直接调节。这样的设计保证了吸尘机器人能在比较狭小的环境下自如地移动。

3. 核心控制模块

①向传感器模块（五路）分别送路选信号：当路选信号是高电频时，该路导通；反之，就截止。这样，通过路选信号，就可以完成对五路信号的顺序扫描控制，同时实现对每一路超声波信号的发射和接收的计时。

②按照接收信号的幅值，以及从发射到接收的时间间隔，计算并判断障碍

---

① 项彬彬，陈卫东，亓利伟，等.基于遗传算法的机器人作业单元布局优化[J].上海交通大学学报，2008（10）：1697-1701.

物的相对位置，大致大小。综合五路传感器的信息，对吸尘机器人周围环境的距离参数做粗略的提取。

③按照获得的环境参数，并结合吸尘机器人的任务要求，制定相应的路径规划策略。

④在总体路径规划已定的条件下，针对局部的障碍，选择避障方法。

⑤最后，在确定了行走路径和避障措施的基础上，向步进电机的控制器输出相应的控制脉冲，以实现机器人的自主移动。

整个控制模块的工作原理和各环节的相互关系，直观地反映在图 7-19 中。

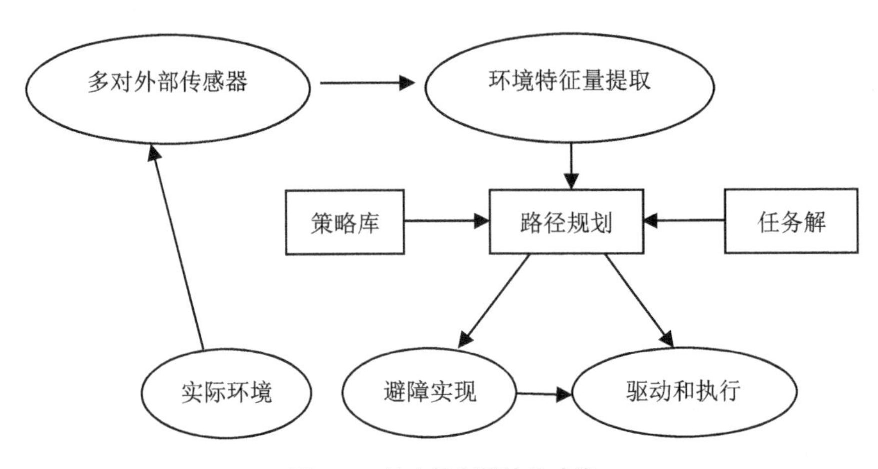

图 7-19　核心控制模块的功能

4. 真空吸尘模块

智能吸尘机器人清洁地面的功能是通过其自身携带的小型吸尘器完成的。该小型吸尘器与一般家庭用的拖线式吸尘器相同，采用真空吸尘的原理。它的吸尘腔位于机器人的体内，吸尘口是一条窄缝，开在底盘上。这样，当吸尘机器人低速移动时，它所经过的路面就得到了清扫。为了达到小型化的目的，机器人本身的体积有较大的限制，因此无形中，也使吸尘器的设计受到了影响①。

5. 电源模块

智能吸尘机器人的一大特点就是能够局部自主的工作，而要完成局部自主的工作方式，自然要避免使用 220 V 的交流电源。因为一旦采用交流电源，机器人在工作时就必然要拖带电源线，这样无形中就使其自由运动的方式受到了极大的限制。当然，也就更谈不上实现自动避障和路径规划了。

吸尘机器人的电能消耗主要在两部分：第一是其携带的小型吸尘器工作时

① 刘海，郭小勤 . 吸尘机器人控制系统设计 [J]. 现代电子技术，2009，32（12）：127-130.

所需提供的能量；第二是机器人驱动和控制电路的能耗。由于这两部分在工作情况，所需提供的电压、电流和额定功率参数，对电源的冲击影响，对电源的稳定性和精度要求，工作时间等，诸多因素上存在不同，因此，我们将两部分的电源分开考虑。对于吸尘模块，我们选用了 6 V/10 A /1 h 的蓄电池，而对于驱动模块和核心控制模块，则选用了 12 V/3 A /20 h 的蓄电池。关于蓄电池选择，由于都是利用成熟的产品，因此，这里就不再赘述了。

二、多传感器数据融合在吸尘机器人自主避障中的应用

移动机器人智能化的一个最主要标志就是自主导航，而实现机器人自主导航的前提就是避障。机器人的避障实际就是机器人在运动过程中，根据自身各个传感器采集的周围环境信息，根据算法确定是否会阻挡自己通行，然后按照算法计算进行有效的规避，最后达到目标点。移动机器人的自主避障技术一直是研究的热点，到目前为止已经产生了一系列的避障方法，如传统的人工势能法、栅格法、可视图法等。当障碍物信息是已知的时候，上述方法的避障效果尚且令人满意，但如果障碍物信息是未知的时候，或者是可移动的障碍物，则上述传统避障方法的效果较差，不能很好地解决机器人的避障问题。实际生活中，机器人所处的环境基本都不是理想的结构化的环境，而是动态的、可变的、未知的，所以传统的避障算法难以满足实际应用的要求。

近些年，得益于传感器技术的进步以及微型处理器计算能力的提升，使得在移动机器人平台上进行复杂的运算成为可能，并基于此产生了一系列的智能避障方法，如神经网络算法、模糊算法、遗传算法等。神经网络避障算法在机器人避障中的应用，通常是建立机器人从起始点到目标点行走路径的神经网络模型，模型的输入是传感器探测的障碍物距离信息以及目标点所在的方位角等，然后对模型进行训练，输出机器人下一步运动的位置点或者下一步的运动方向。应用神经网络的好处是不用对实际环境进行数学建模，并且神经网络的结构可调，动态化的神经网络系统更是可以根据传感器的探测数据进行网络结构的实时变换，所以灵活性非常好。模糊控制主要是应用了模糊逻辑的控制方法，与神经网络类似，模糊控制系统同样不需要对实际环境建立精确的数学模型，这个特性对于机器人避障而言显得非常的重要。因为要对机器人面对的非结构化环境进行数学建模是一件非常困难的事，而模糊控制非常巧妙地避免了这个难题。模糊控制主要是通过人的主观经验来进行相应的模糊逻辑推理，根据人面对类似环境的生活经验，建立规则库，应用于机器人的避障过程。模糊控制主

要包括特征值的模糊化、建立规则库以及避障决策结果的反模糊化等过程。虽然目前关于机器人避障的算法很多，但各种方法基本都存在相应的局限性，至今没有一种方法具有完全的通用性，能使机器人适应所有的障碍物环境。通过各种算法之间的相互融合以增强系统的整体适用性是一种很好的解决方案。模糊逻辑能很好地模拟人的避障行为，是一类能比较好的应用于移动机器人避障的方法，但是模糊参数和规则制定的主观性太大。神经网络以其广泛的适用性和可计算性，也经常应用于移动机器人避障，但神经网络得到的模型和参数过于理想化。

基于此，产生了将模糊逻辑和神经网络结合起来的模糊神经网络。将模糊神经网络应用于机器人的自主避障，用模糊方法来进行控制，用神经网络的方法进行参数训练和调节。模糊神经网络在功能上是模糊系统而结构上像神经网络。

（一）机器人环境感知分类

扫地机器人通过多个红外传感器来获取障碍物的距离信息。在扫地机器人的正前方 180° 范围内均布五组传感器，用来检测不同方向上的障碍物距离信息。在同一个传感器布置方向上，上下分别同时布置一个红外传感器。这样就可以对同一个检测方向上的障碍物检测信息进行融合互补。通过融合同一方向上下两个红外传感器的检测信息，减少由于各传感器的感知误差和有限的感知范围对整个系统所带来的不确定性，以使机器人具有更好的鲁棒性。

（二）建立机器人运动参考坐标系

由于扫地机器人是在一个平面中运动，因此需要建立机器人运动的参考坐标系。建立一个 XOY 全局坐标系。［$x(n)$，$y(n)$］为机器人 n 时刻的位置，［$x(n+1)$，$y(n+1)$］为机器人 $n+1$ 时刻的位置，（x_G，y_G）为目标点位置。θ 为机器人前进方向与全局坐标系中 X 轴的夹角，Φ 为机器人与目标点连线和机器人前进方向之间的夹角，机器人的运动参考坐标系如图 7-20 所示。

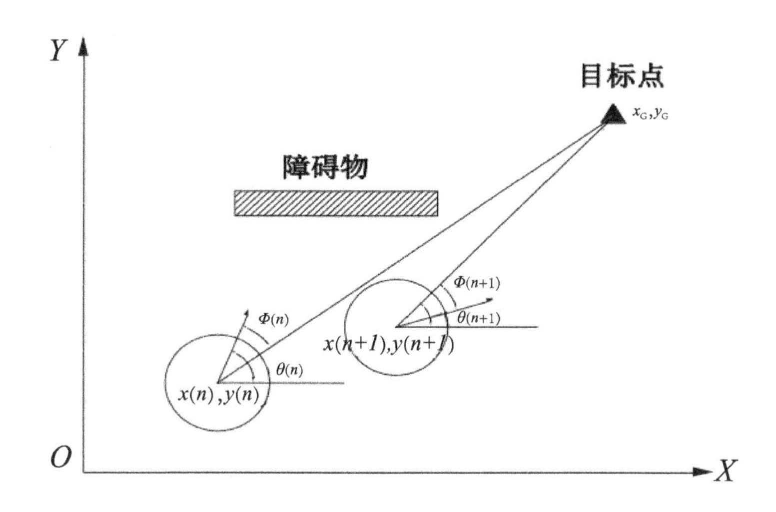

图 7-20　机器人运动参考坐标系

现在讨论机器人的避障策略，不失一般性，假设机器人运动速度一定，机器人在点［$x(n)$，$y(n)$］时，根据机器人前方均布的五组传感器探测得到机器人各个方向的障碍物距离信息和目标点的位置信息，再结合机器人的当前位置信息，经过设计的模糊神经网络做出推理计算后，产生一个合适的转角，得到机器人新的运动方向，机器人根据避障系统给出的这个转角做出运动，避开障碍物，然后在新的运动方向上前进一个步长，到达下一个位置坐标点［$x(n+1)$，$y(n+1)$］，然后机器人再进行障碍物的探测，如此循环，直到机器人最终到达目标点。机器人到达目标点的判定准则，原则上是必须满足 $x(n)=x_G$，$y(n)=y_G$ 的条件。但是在本文中假定只要满足 $\sqrt{\left(x(n)-x_G\right)^2}+\sqrt{\left(y(n)-y_G\right)^2}$〈$\delta$为给定的常值）就认为机器人到达了目标点。

（三）构建模糊神经网络

为扫地机器人构建一个五层模糊神经网络控制系统。对该网络的解释如下：第一层为信息输入层，其中的节点个数即为输入变量的个数，将五组距离传感器和一个角度传感器测得的机器人距障碍物的距离信息和机器人与目标的相对方位信息作为输入变量，输入模糊神经网络。第二层为输入变量的隶属函数层，根据各个输入变量的隶属函数，将输入变量模糊化以进行模糊系统的后续运算。第三层为规则层，该层的节点个数为模糊规则的数目。该层的每个节点只与第二层中各个输入变量的模糊成员变量的某一个连接，且该层与第二层的连接权值为 1。例如，第一个输入变量分为了 r_1 个模糊成员变量，第二个输入变量分

为了 r_2 个模糊成员变量，第 n 个输入变量分为了 r_n 个模糊成员变量，则第三层共有 $r_1 \times r_2 \times \cdots \times r_n$ 个节点，也就是有 $r_1 \times r_2 \times \cdots \times r_n$ 条规则。第四层为“或”层，该层的节点数设定为输出变量模糊度的划分个数 s。该层与第三层的连接权值为 n_k（k=1，2，…，$r_1 \times r_2 \times \cdots \times r_n$）。第五层为反模糊化层，节点数为 1。第五层与第四层的连接权值为 b。该层将第四层各个节点的输出，通过反模糊化转换为控制机器人运动量的精确值，即机器人下一步运动的导航控制角 TA。系统根据机器人当前的角度加上 TA 得到机器人下一次运动的行进方向。

1. 模糊控制器的设计

模糊控制是一种计算机数字控制技术，特别适合于非线性控制，主要包括模糊化、模糊推理、反模糊化三个过程。模糊控制以现代控制理论为基础，同时与自适应控制技术相结合，在控制领域得到了空前广泛的应用。特别是近年来，模糊控制在理论和实际应用上都取得了很大的进步。模糊控制方法有很多，常用的主要有自适应模糊控制、专家模糊控制和神经模糊控制等。这些常用方法均以模糊控制为基础，针对不同的应用需求而做出了相应的改进。

目前，模糊控制已经在自动洗衣机、空调等家用电器中得到了大量的应用。针对机器人避障问题，详细讨论模糊神经网络中的模糊系统的设计以及通过神经网络对模糊控制系统参数进行训练的过程。

（1）模糊化。

模糊控制系统的输入值为精确值，但是要使模糊控制系统正确运作，则首先需要对精确的输入数据模糊化。将机器人距障碍物的距离和目标点相对机器人的方位角作为网络的输入值，设定距障碍物距离为近和远两种类型，分别用 N 和 F 表示，设定目标点相对机器人的方位角为左侧，左前，正前，右前，右侧五种类型，分别用 L，LF，FR，RF，R 表示。模糊化需要选取隶属函数来完成，常用的隶属函数有三角形函数、梯形函数、高斯函数等。为将输入量模糊化，定义以下几组表达式。

定义三角形隶属函数表达式如下：

$$u_{ij} = \begin{cases} 1 - \dfrac{\left| x - c_{ij} \right|}{\sigma_{ij}}, & c_{ij} - \dfrac{\sigma_{ij}}{2} < x < c_{ij} + \dfrac{\sigma_{ij}}{2} \\ 0, & \text{其他} \end{cases} \tag{7.38}$$

定义类 Z 型隶属函数表达式如下：

$$u_{ij}=\begin{cases}1, & x<c_{ij}\\ 1-\dfrac{|x-c_{ij}|}{\sigma_{ij}}, & c_{ij}<x<c_{ij}+\sigma_{ij}\\ 0, & x>c_{ij}+\sigma_{ij}\end{cases} \tag{7.39}$$

定义类 S 型隶属函数表达式如下：

$$u_{ij}=\begin{cases}1, & x>c_{ij}\\ 1-\dfrac{|x-c_{ij}|}{\sigma_{ij}}, & c_{ij}-\sigma_{ij}<x<c_{ij}\\ 0, & x<c_{ij}-\sigma_{ij}\end{cases} \tag{7.40}$$

C_{ij} 表示第 i 个输入变量对应第 j 个成员变量隶属函数的中心值，σ_{ij} 表示第 i 个输入变量对应第 j 个成员变量隶属函数的宽度。根据实际情况，对障碍物距离近选类 Z 型隶属函数，中心选 20 cm，宽度选 80 cm；对障碍物距离远选类 S 型隶属函数，中心选 100 cm，宽度选 80 cm；对目标方位角，全部选择三角函数，中心分别为 -80°，-40°，0°，40°，80°，宽度都为 80°。

（2）制定模糊推理规则

模糊推理的规则需要根据人的主观经验制定。制定避障规则的依据参照机器人与障碍物之间可能的位置关系。根据这些相对位置关系，设定规则，规则使用 if…then 的形式。根据一定的输入得到相应的输出，将这些可能的结果一一列举出来，制成规则表，使用时只需要在规则表中查询。一共有六个输入，前五个距离输入信息分别有两种成员变量，第六个方位角输入信息一共有五种成员变量，因此一共有 2×2×2×2×2×5=160 种组合，即 160 条规则。

模糊规则非常繁多，并且全部依赖人的主观经验来制定。当输入量和输入量的成员变量过多时，依赖人的主观经验来制定模糊规则就会变得非常困难，这也是模糊系统的不足之处。现在模糊规则的制定和含义作出解释。

① if（=F and =F and =F and =F and =F and θ =L），then（TA=TL）对该条规则的解释为：如果机器人自身安装的所有距离传感器测得机器人对障碍物的距离为远，且角度传感器测得目标在机器人的左侧，则判定机器人四周障碍物距离机器人较远，不会对机器人的下一步运动造成干扰，所以机器人直接向当前运动方向的左侧方向转弯，向目标点所在的方向运动。

② if（ =F and =F and =F and =F and =F and θ =LF），then（TA=TLL）对

该条规则的解释为：如果机器人自身安装的所有距离传感器测得机器人对障碍物的 距离为远，且角度传感器测得目标在机器人的左前侧，则判定机器人四周障碍物距离机器 人较远，不会对机器人的下一步运动造成干扰，所以机器人直接向当前运动方向的左前侧 方向转弯，向目标点所在的方向运动。

③ if（ =F and =N and =F and =F and =F and θ =L），then（TA=TL）对该条规则的解释为：如果机器人自身安装的距离传感器探测到机器人左前方有一障碍物距离机器人较近，其他方向的障碍物距离机器人较远，目标在机器人当前运动方向的左侧，则可以判定当机器人向左转弯趋向目标时，并不会与左前方距离较近的障碍物发生碰撞，所以得出机器人可以直接向左转弯趋向目标点。

④ if（ =F and =N and =F and =N and =F and θ =LF），then（TA=TL）对该条规则的解释为：如果机器人自身安装的距离传感器探测到机器人左前方和右前方分别有一障碍物距离机器人较近，其他方向的障碍物距离机器人较远，目标在机器人当前运动方向的左前侧，则为了避免机器人与左前方和右前方的障碍物发生碰撞并能够顺利往目标点所在的方向运动，则让机器人向当前运动方向的左侧转弯。

⑤ if（ =N and =N and =F and =F and =F and θ =R），then（TA=TR）对该条规则的解释为：如果机器人自身安装的距离传感器探测到机器人的左侧和左前侧分别有一障碍物距离机器人较近，其他方向的障碍物距离机器人较远，目标在机器人当前运动方向的右侧，则可以判定当机器人向右转弯趋向目标时，并不会与机器人左侧和左前侧距离较近的障碍物发生碰撞，所以得出机器人可以直接向右转弯趋向目标点。其他模糊规则的制定参照上述推理方式得出，这里不再一一解释。由于模糊规则的制定依赖于人的主观经验，不同的人针对同一情况可能会设置不一样的控制规则，但只要最终能够让机器人成功避开障碍物即可行。同时在制定模糊规则时也要仔细谨慎，谨防重复和遗漏。

（3）反模糊化。

把输出的模糊量转化为用于实际控制的清晰量称为反模糊化。常用的反模糊化方法有最大隶属度值法、重心法以及高度反模糊化法等。在此选取重心法来进行模糊量的反模糊化。重心法的原理是：取隶属函数曲线与 x 轴围成面积的重心作为代表点，计算输出范围内连续点的重心。通常情况下是计算输出范围内所有采样点的重心，即

$$U=\frac{\sum x_i \cdot u_{\mathrm{N}}\left(x_i\right)}{\sum u_{\mathrm{N}}\left(x_i\right)} \tag{7.41}$$

权重值即是推理过程中模糊集合各语言词集的隶属度 $u_{\mathrm{N}}(x)$。

2. 模糊神经网络的学习

由于模糊系统的设计依赖于人的主观经验，所以设计出的模糊控制并不是最优的，难免会出现各种不足，因此需要用神经网络对其进行训练以得到更优的控制系统。

（1）误差计算。

常用方法是求实际输出和期望输出的差的均方和，使用公式

$$e = \frac{1}{2}\left(y_j - \overline{y_j}\right)^2 \tag{7.42}$$

其中，$\overline{y_j}^2$ 为网络期望输出，y_j^2 为网络实际输出，e 为期望输出和实际输出的误差。在此，$\overline{y_j}^2$ 为机器人的期望导航控制角，y_j^2 为机器人的实际导航控制角。

（2）参数调整。

由于模糊控制器很多初始参数是主观选取的，不一定是最优的，所以需要对参数进行调节以使系统达到最优的状态。可以通过对模糊神经网络中神经网络的训练对参数进行调节以获得更优的参数组合。在此需要调节的参数为距离隶属函数和目标方位角隶属函数的中心值 c_{ij}，以及机器人导航控制角隶属函数的中心 b_j，采用最大梯度法来调整参数。设需要调整的参数为 x，则

$$x(t+1) = x(t) - \varepsilon \frac{\partial e}{\partial x} \tag{7.43}$$

$x(t)$ 为此时 x 的值，$x(t+1)$ 为下一时刻 x 的值，ε 为学习速率。

根据上式可得

$$c_{ij}(t+1) = c_{ij}(t) - \varepsilon \frac{\partial e}{\partial c_{ij}},\ i = 1,2,\cdots,5,6;\ j = 1,2,3,4,5 \tag{7.44}$$

$$b_j(t+1) = b_j(t) - \varepsilon \frac{\partial e}{\partial b_j},\ j = 1,2,3,4,5 \tag{7.45}$$

根据以上各式就可以对模糊神经网络的参数进行调节，事实上调节的是隶属度函数的中心和宽度值。模糊神经网络的训练过程是，先凭借经验取 c_{ij} 和 b_j 的初始值，然后设置学习速率 ε 和允许误差 η，通过读取输入和输出数据，按照以上各式进行训练，当输出误差小于允许误差 η 时结束训练。

参考文献

[1] 诸静. 模糊控制原理与应用 [M]. 北京：机械工业出版社，1995.

[2] 易继锴，侯媛彬. 智能控制技术 [M]. 北京：北京工业大学出版社，1999.

[3] 李新平，吴家礼，李谷. 控制技术及应用 [M]. 北京：电子工业出版社，2000.

[4] 蔡自兴. 机器人学 [M]. 北京：清华大学出版社，2000.

[5] 马莉. 智能控制与 Lon 网络开发技术 [M]. 北京：北京航空航天大学出版社，2003.

[6] 刘金琨. 滑模变结构控制 MATLAB 仿真 [M]. 2 版 . 北京：清华大学出版社，2005.

[7] 侯崇升. 现代调速控制系统 [M]. 北京：机械工业出版社，2006.

[8] 徐丽娜. 数字控制：建模与分析、设计与实现 [M]. 北京：科学出版社，2006.

[9] 孟庆鑫，王晓东. 机器人技术基础 [M]. 哈尔滨：哈尔滨工业大学出版社，2006.

[10] 董海鹰. 智能控制原理及应用 [M]. 北京：中国铁道出版社，2006.

[11] 黎夏，等. 地理模拟系统：元胞自动机与多智能体 [M]. 北京：科学出版社，2007.

[12] 董景新，吴秋平. 现代控制理论与方法概论 [M]. 北京：清华大学出版社，2007.

[13] 许力. 智能控制与智能系统 [M]. 北京：机械工业出版社，2007.

[14] 陈复扬. 自适应控制与应用 [M]. 北京：国防工业出版社，2009.

[15] 曹其新，张蕾. 轮式自主移动机器人 [M]. 上海：上海交通大学出版社，2012.

[16] 王玉芹. 智能机器人设计与实践 [M]. 石家庄：河北教育出版社，2013.

[17] 张毅，罗元，徐晓东．移动机器人技术基础与制作 [M]．哈尔滨：哈尔滨工业大学出版社，2013.

[18] 李卫国．工程创新与机器人技术 [M]．北京：北京理工大学出版社，2013.

[19] 赵宝明．智能控制系统工程的实践与创新 [M]．北京：科学技术文献出版社，2014.

[20] 王从庆．智能控制简明教程 [M]．北京：人民邮电出版社，2015.

[21] 辛颖，侯卫萍，张彩红．机器人控制技术 [M]．哈尔滨：东北林业大学出版社，2017.

[22] 张涛．机器人引论 [M]．北京：机械工业出版社，2017.

[23] 荆学东．工业机器人技术 [M]．上海：上海科学技术出版社，2018.

[24] 袁夫彩．工业机器人及其应用 [M]．北京：机械工业出版社，2018.

[25] 裴洲奇．工业机器人技术应用 [M]．西安：西安电子科技大学出版社，2019.

[26] 孙洪雁，徐天元，崔艳梅．工业机器人维护与保养 [M]．北京：北京理工大学出版社，2019.

[27] 倪建军，史朋飞，罗成名．人工智能与机器人 [M]．北京：科学出版社，2019.

[28] 范凯．机器人学基础 [M]．北京：机械工业出版社，2019.

[29] 汤嘉敏，邹亮梁．智能机器人基础 [M]．上海：上海教育出版社，2019.

[30] 张涛．机器人概论 [M]．北京：机械工业出版社，2019.

[31] 陈克宗，黄文涛，于海清．工业机器人运行与维护 [M]．长春：吉林大学出版社，2019.

[32] 徐红丽．机器人技术的应用与研究 [M]．镇江：江苏大学出版社，2019.

[33] 戴凤智，乔栋．工业机器人技术基础及其应用 [M]．北京：机械工业出版社，2020.

[34] 邓三鹏，许怡赦，吕世霞．工业机器人技术应用 [M]．北京：机械工业出版社，2020.

[35] 赖圣君，滕满高，杨怡．工业机器人应用设计与仿真 [M]．广州：华南理工大学出版社，2020.

[36] 王璐欢，开伟．人工智能与机器人技术应用初级教程：e．Do 教育机

器人 [M] 哈尔滨：哈尔滨工业大学出版社，2020.

[37] 兰虎，王冬云. 工业机器人基础 [M]. 北京：机械工业出版社，2020.

[38] 姚屏. 工业机器人技术基础 [M]. 北京：机械工业出版社，2020.

[39] 张英. 机器人机构运动学 [M]. 北京：北京邮电大学出版社，2020.

[40] 李文慧. 工业机器人应用实践 [M]. 武汉：华中科学技术大学出版社，2020.

[41] 谢文录，谢维信. 一种模糊控制系统的神经网络方法 [J]. 西安电子科技大学学报，1996（01）：8-14.

[42] 郃克政. 基于神经网络实现模糊控制的方法 [J]. 北方工业大学学报，1997（03）：1-7.

[43] 董文杰，霍伟. 受非完整约束移动机器人的跟踪控制 [J]. 自动化学报，2000（01）：5-10.

[44] 朱淼良，俞宏知，郭晔，等. 一个基于 MultiAgent 的网络防卫系统 [J]. 网络安全技术与应用，2001（10）：35-38.

[45] 李磊，陈细军，候增广，等. 自主轮式移动机器人 CASIA-I 的整体设计 [J]. 高技术通讯，2003（11）：51-55.

[46] 张骏，舒光斌. 基于 Internet 的多 Agent 群体决策支持系统研究 [J]. 武汉理工大学学报，2004（04）：91-93.

[47] 马玉敏，樊留群，李辉，等. 软 PLC 技术的研究与实现 [J]. 机电一体化，2005（03）：63-66.

[48] 高国富，谢少荣，罗均. 机器人传感器及其应用 [M]. 北京：化学工业出版社，2005.

[49] 肖本贤，张松灿，刘海霞，等. 基于动力学系统的非完整移动机器人的跟踪控制 [J]. 系统仿真学报，2006（05）：1263-1266.

[50] 罗娜，钱锋，涂善东. 多 Agent 环境下过程设备的分布式智能决策支持 [J]. 自动化技术与应用，2007（02）：20-22.

[51] 闫茂德，贺昱曜，武奇生. 非完整移动机器人的自适应全局轨迹跟踪控制 [J]. 机械科学与技术，2007（01）：57-60.

[52] 王丽丽，康存锋，马春敏，等. 基于 CoDeSys 的嵌入式软 PLC 系统的设计与实现 [J]. 现代制造工程，2007（03）：54-56.

[53] 项彬彬，陈卫东，亓利伟，等. 基于遗传算法的机器人作业单元布局优化 [J]. 上海交通大学学报，2008（10）：1697-1701.

[54] 刘海，郭小勤. 吸尘机器人控制系统设计 [J]. 现代电子技术，2009，

32（12）：127-130.

[55] 朱群峰，黄磊，罗庆跃. 移动机器人运动轨迹控制系统 [J]. 信息化纵横，2009，28（14）：11-13.

[56] 赵丽，董红斌，兰健. 基于 Java 的多 Agent 系统的研究 [J]. 哈尔滨师范大学自然科学学报，2009，25（04）：78-81.

[57] 张利红，陈伯俊. 一种低成本超声波测距仪的设计 [J]. 化工自动化及仪表，2010，37（08）：49-52.

[58] 葛瑜，王武，张飞云. 移动机器人的离散迭代学习控制 [J]. 机械设计与制造，2011（09）：147-149.

[59] 沙晶晶，董洪军，李蒙. 多路数据采集系统的设计与实现 [J]. 现代电子技术，2012，35（21）：59-61.

[60] 张鑫，刘凤娟，闫茂德. 基于动力学模型的轮式移动机器人自适应滑模轨迹跟踪控制 [J]. 机械科学与技术，2012，31（01）：107-112.

[61] 楼巍，陈磊，严利民. 基于模糊辨识的移动机器人轨迹控制算法的研究 [J]. 仪表技术，2013（01）：18-20+24.

[62] 史晨红，左敦稳，张国家. 基于轨迹控制的 AGV 运动控制器设计研究 [J]. 机械设计与制造工程，2014，43（02）：7-12.

[63] 孟繁丽. 智能机器人的控制技术前景分析 [J]. 求知导刊，2015（13）：26-27.

[64] 初红霞，李学良，谢忠玉，等. 模糊自适应 PID 控制的机器人运动控制研究 [J]. 现代计算机（专业版），2016（06）：11-14.

[65] 陆翔，刘邦经. 基于 STM32 的嵌入式综合实验开发平台研究 [J]. 实验室研究与探索，2017，36（10）：57-60.

[66] 项清华. 智能机器人控制技术特点及其在生活中的应用 [J]. 电脑迷，2017（04）：156.

[67] 宋立业，邢飞. 移动机器人自适应神经滑模轨迹跟踪控制 [J]. 控制工程，2018，25（11）：1965-1970.

[68] 吴志光，江光月. 智能移动机器人控制技术的改造升级 [J]. 黑河学院学报，2018，9（12）：204-205.

[69] 尤波，张乐超，李智，等. 轮式移动机器人的模糊滑模轨迹跟踪控制 [J]. 计算机仿真，2019，36（02）：307-313.

[70] 任建华，李文超，赵凯龙，等. 移动机器人路径规划方法研究 [J]. 机电技术，2019（04）：26-29.

[71] 高冲．智能移动机器人技术现状以及开发研究 [J]．信息与电脑（理论版），2019（06）：130-131．

[72] 洋洋，王莹，薛东彬．采用改进模糊神经网络 PID 控制的移动机器人运动误差研究 [J]．中国工程机械学报，2019，17（06）：510-514．

[73] 毛晨斐，毛昱欢，张艳丽．基于神经网络的点模糊控制方法研究 [J]．农家参谋，2019（21）：158．

[74] 叶俊．移动机器人的传感器导航控制系统 [J]．电子技术，2020，49（05）：34-35．

[75] 裴曙光．智能移动机器人控制技术的改造升级 [J]．电子技术与软件工程，2020（02）：92-93．

[76] 裴曙光．智能移动机器人控制技术的改造升级 [J]．电子技术与软件工程，2020（02）：92-93．

[77] 陈文静．基于智能控制的 PID 控制方式的研究 [J]．电子测试，2020（05）：117-118．

[78] 管海娃．机器人系统有限时间自适应迭代学习控制 [J]．计算机工程与应用，2020，56（14）：231-239．

[79] 朱玲，李艳东，郭媛．移动机器人自适应模糊神经滑模控制 [J]．微电机，2020，53（01）：59-64．